Thomas Schnorrenberg

Investor Relations Management

Thomas Schnorrenberg

Investor Relations Management

Praxisleitfaden für erfolgreiche
Finanzkommunikation

GABLER zimpel

Bibliografische Information Der Deutschen Nationalbibliothek
Die Deutsche Nationalbibliothek verzeichnet diese Publikation in der
Deutschen Nationalbibliografie; detaillierte bibliografische Daten sind im Internet über
<http://dnb.d-nb.de> abrufbar.

1. Auflage 2008

Alle Rechte vorbehalten
© Betriebswirtschaftlicher Verlag Dr. Th. Gabler | GWV Fachverlage GmbH, Wiesbaden 2008

Lektorat: Barbara Möller

Der Gabler Verlag ist ein Unternehmen von Springer Science+Business Media.
www.gabler.de

Umschlaggestaltung: Nina Faber de.sign, Wiesbaden
Druck und buchbinderische Verarbeitung: Wilhelm & Adam, Heusenstamm
Gedruckt auf säurefreiem und chlorfrei gebleichtem Papier
Printed in Germany

ISBN 978-3-8349-0732-5

Vorwort

Liebe Leserinnen und Leser,

die Bedeutung von Investor Relations hat bei den in Deutschland notierten Aktiengesellschaften in den vergangenen zwei Jahrzehnten spürbar zugenommen. Gleichzeitig mit der Bedeutung stiegen jedoch auch die Anforderungen an die Investor Relations. Durch zahlreiche Gesetzesreformen sollte die Transparenz erhöht und der Anlegerschutz gestärkt werden.

Auslöser dieser Entwicklung waren nicht zuletzt Skandale und Entgleisungen einzelner raffgieriger Firmenlenker zu den Boomzeiten der Börse, die durch Ausnutzung ihrer Stellung und Verstöße gegen Insiderhandelsverbote das Vertrauen in die Anlageform Aktie ins Wanken gebracht haben.

Parallel ist die Europäische Union bestrebt, die rechtliche Situation innerhalb der Mitgliedsstaaten durch Richtlinien, die nach und nach in nationales Recht umgesetzt werden, zu harmonisieren. Nicht selten schießen die gesetzgebenden Instanzen dabei über das Ziel hinaus, so dass in der Branche bereits erste Stimmen laut werden, die eine Überregulierung des Marktes beklagen.

Das vorliegende Buch richtet sich an Studierende, vor allem der Wirtschaftswissenschaften, die in das Berufsfeld der Finanzkommunikation streben, und an Berufseinsteiger. Es soll zugleich Praktikern aus den Investor Relations Abteilungen börsennotierter Unternehmen oder Mitarbeiterinnen und Mitarbeitern aus Kommunikationsagenturen nützliche Hinweise und Denkanstöße liefern.

Kürzlich in Kraft getretene Neuerungen im Aktienrecht wie das „Transparenzrichtlinie-Umsetzungsgesetz (TUG)", das „Gesetz über das elektronische Handelsregister und Genossenschaftsregister sowie das Unternehmensregister (EHUG)" oder das „Finanzmarkt-Richtlinien-Umsetzungsgesetz (MiFID-Umsetzungsgesetz oder FRUG)" sind in diesem Buch bereits berücksichtigt.

Neben der Vorstellung der rechtlichen Rahmenbedingungen darf aber auch der Praxisteil nicht zu kurz kommen. So werden die organisatorischen Aspekte bei der Erstellung des Geschäftsberichts und im Zusammenhang mit der alljährlichen Hauptversammlung erläutert. Zahlreiche Checklisten sowie Mustertexte unterstützen Sie in Ihrer täglichen Arbeit. Am Ende des Buches finden Sie zum schnellen Nachschlagen ein kleines Börsenlexikon.

Ich wünsche Ihnen viel Spaß bei der Lektüre und viel Erfolg bei der Umsetzung.

Hamburg, im April 2008   Thomas Schnorrenberg

Inhaltsverzeichnis

1. Was ist Investor Relations?

Definitionen zu dem Begriff Investor Relations gibt es zur Genüge. Investor Relations ist ein Synonym für die Finanzkommunikation einer Aktiengesellschaft mit ihren Aktionären und der so genannten Financial Community, also Analysten und Finanzmedien.

Ziel der Investor Relations ist es, der Financial Community Informationen zur Verfügung zu stellen, die sie benötigt, um den Unternehmenswert einschätzen zu können. Gleichzeitig soll die Entwicklung des Unternehmens mit den Erwartungen des Marktes in Balance gehalten werden.

Neben den gesetzlich geregelten Pflichtveröffentlichungen ist ein wichtiger Aspekt der Investor Relations die Anwendung von Best Practices für Transparenz und faire Information aller Marktteilnehmer. Kapitalmarktorientierung, Gleichbehandlung, Wesentlichkeit, Nachvollziehbarkeit, Aktualität, Kontinuität und Erwartungsmanagement sind die Maßstäbe und Richtlinien für den Investor Relations Manager.

Eine wichtiger Trend der Investor Relations (IR) der letzten Jahre: Die Kommunikation muss zunehmend juristischen Vorgaben folgen.

In der Vergangenheit wurde Investor Relations in Deutschland eher als Teilbereich der Public Relations einer börsennotierten Aktengesellschaft verstanden, der als – damals noch freiwilliges Instrument – zur Erhöhung des Bekanntheitsgrades und zur Festigung des Anlegervertrauens dienen sollte. Erst gegen Ende der 80er-Jahre erkannte man in Deutschland den Nutzen einer eigenständigen Organisationseinheit für Investor Relations in Unternehmen. Werbung für die eigene Aktie galt bis dahin sogar eher als anrüchig.

Zu dieser Zeit war IR in den USA bereits gang und gäbe. General Electric betrieb beispielsweise bereits in den 50er-Jahren aktive Investorenkommunikation. Höchstwahrscheinlich rührt auch daher der Sachverhalt, dass für den Begriff Investor Relations bis heute kein deutschsprachiges Äquivalent existiert.

Heute sind sich die Vorstandsetagen über die Bedeutung und Notwendigkeit von Investor Relations bewusst. Dazu beigetragen haben sicher auch die vielen Transparenzanforderungen, die durch den Gesetzgeber und auch durch die veränderte Unternehmenskultur an börsennotierte Gesellschaften gestellt werden.

1.1 Gründe für einen Börsengang

Mehr als 800 Börsengänge im amtlichen und geregelten Markt verzeichnete allein die Deutsche Börse in Frankfurt im Verlauf der letzten zehn Jahre. Darunter Krisenjahre wie 2003, in dem gerade einmal ein Unternehmen den Sprung aufs Parkett wagte. Allein 2007 wurden 230 neue Emittenten auf den Kurszetteln in Frankfurt gezählt. Das Interesse am Kapitalmarkt seitens der Unternehmen kann also als groß bezeichnet werden, obwohl mit dem öffentlichen Angebot von Aktien eine Vielzahl neuer Pflichten und Anforderungen verbunden sind.

Warum unterwerfen sich so viele Unternehmen diesen zusätzlichen Anforderungen? Die Motivationen hierfür sind vielfältig. Meist soll der Börsengang jedoch dazu dienen, dem Unternehmen durch Ausgabe neuer Aktien finanzielle Mittel zuzuführen oder den vorhandenen Aktionären die Möglichkeit eröffnen, ihre Aktien zu einem besseren Preis verkaufen zu können, als dies bei nicht börsennotierten Aktiengesellschaften der Fall wäre. In der Praxis ist häufig zu beobachten, dass beide vorgenannten Motivationen gleichzeitig zum Tragen kommen.

Doch ein Börsengang bietet noch weitere Vorteile. Er ist ein relativ kostengünstiges Instrument, um die Finanzierungsstruktur eines Unternehmens zu verbessern. Denn die durch die Ausgabe neuer Aktien eingeworbenen Mittel werden bilanziell als Eigenkapital erfasst. Die so verstärkte Eigenkapitalbasis eröffnet meist auch auf der Fremdfinanzierungsseite neuen Spielraum.

Des Weiteren sind mitunter auch nicht monetäre Motivationen für einen Börsengang anzutreffen. Durch die erhöhte Aufmerksamkeit für das eigene Unternehmen wird der Bekanntheitsgrad gesteigert und – bei richtigem Einsatz der kommunikativen Mittel – zugleich das Image der Gesellschaft verbessert. Ein Unternehmen, das sich den erhöhten Transparenzanforderungen der Börse unterwirft, genießt bei Kunden, Lieferanten und sonstigen Geschäftspartnern hohes Vertrauen und hat es außerdem oft leichter, qualifiziertes Personal zu gewinnen. Auch eine ungeklärte Nachfolgeregelung kann Motivation für eine Umwandlung eines Unternehmens in eine Aktiengesellschaft und den anschließenden Börsengang sein.

Was auch immer Ihre Motivation sein mag, Aktien Ihres Unternehmens an der Börse zu platzieren, machen Sie sich vorab eines klar: Sie sind als börsennotierte Gesellschaft hinsichtlich Ihrer Informationspolitik fremdbestimmt und können unter Umständen nicht mehr frei über Ihre (bisherigen) Geschäftsgeheimnisse verfügen. Erhöhte Transparenz gegenüber Aktionären bedeutet gleichzeitig auch erhöhte Transparenz gegenüber Wettbewerbern.

Praxistipp

Falls Ihr Unternehmen den Gang an die Börse erwägt, sollten unbedingt frühzeitig Spezialisten aus verschiedenen Fachbereichen hinzugezogen werden. Dazu zählen Banken, Wirtschaftsprüfer, Steuerberater, Rechtsanwälte, die Institution Börse selbst, Kommunikationsspezialisten und eventuell Unternehmensberater. Eventuelle Schwachstellen in der Planung, im Controlling oder im Finanzwesen sollten bereits frühzeitig erkannt und beseitigt werden.

1.2 Begriff, Bedeutung und Ziele der Investor Relations

Ist Ihr Unternehmen erst einmal an der Börse notiert, warten eine Reihe neuer Aufgaben auf Sie. EU-regulierte Märkte verlangen ein hohes Maß an Transparenz. Diese neuen Anforderungen werden in der überwiegenden Zahl der börsennotierten Unternehmen durch die Einführung einer Investor Relations Abteilung erfüllt. Investor Relations bedeutet wörtlich übersetzt so viel wie Beziehungen zu den Anteilseignern. Und diese Übersetzung sagt bereits eine Menge über die Bedeutung dieser Disziplin aus. Niemand geringerer als die Eigentümer des Unternehmens sind die Hauptzielgruppe von Investor Relations.

Die Eigentümer können sowohl Privataktionäre sein als auch so genannte institutionelle Investoren wie beispielsweise Wertpapierfonds. Um letztere zu erreichen, empfiehlt sich eine kontinuierliche Kommunikation mit Finanzanalysten, die die institutionellen Investoren mit Studien zu den aus ihrer Sicht aussichtsreichen Aktien bzw. Unternehmen versorgen. Weitere Zielgruppen der Investor Relations sind beispielsweise Anlegerschutzvereinigungen, Journalisten, Fremdkapitalgeber oder aber auch eigene Mitarbeiter.

In Deutschland fanden Investor Relations erst Mitte der 80er-Jahre Beachtung. Einige Unternehmen erkannten damals, dass ihre Aktienkurse erheblich durch die subjektive Meinung potenzieller Investoren beeinflusst wurden. Im Laufe der Jahre entwickelten sich Investor Relations fortan zum Standard bei börsennotierten Gesellschaften.

Durch aktive Kommunikation soll also die Beziehung zu den Aktionären gepflegt und dadurch der Aktienkurs auf einem angemessenen Niveau gehalten werden. Dies geschieht vor allem durch hohe Transparenz und so genanntes „Expectations Management", also die Herstellung einer Balance zwischen interner Planung und externen Erwartungen an das Unternehmen.

Da dies kein leichtes, aber ein wichtiges Unterfangen ist, wird Investor Relations in den meisten Organisation direkt dem Vorstand unterstellt. Häufig ist sie als Stabsabteilung des Finanzvorstands oder des Vorstandsvorsitzenden anzutreffen.

Die Motivationen, die ein Unternehmen zum Börsengang bewegt haben, sind gleichzeitig auch eng verknüpft mit den späteren Zielen guter Investor Relations.

Eine Umfrage von Georgeson Shareholder hat ergeben, dass dem Ziel „Betreuung von institutionellen Aktionären" in den jeweiligen IR-Abteilungen die höchste Bedeutung zugesprochen wird. Dahinter folgen „Vertrauenserhalt bei ungünstiger Geschäftsentwicklung", „Verbreitung eines positiven Unternehmensimages", „Betreuung von Privataktionären", „Vermeidung von Kursschwankungen" und „Internationalisierung des Aktionärskreises".[1]

1.3   Berufsbild und Aufgaben

Da Investor Relations in Deutschland noch zu den jüngeren Berufsfeldern gehören, gibt es bislang keine standardisierte Ausbildung. Seit 2002 bietet der Deutsche Investor Relations Verband (DIRK) eine Weiterbildung unter dem Namen CIRO (Certified Investor Relations Officer) an, in der das für die Investor Relations Arbeit relevante Hintergrundwissen im Rahmen eines halbjährigen, berufsbegleitenden Studiums vermittelt wird.[2]

---

[1] Vgl. Georgeson Shareholder, Trends zielgruppenorientierter Investor Relations (2005), S. 15.

[2] Vgl. www.dirk.org, Stand 07/2007.

Dieses Weiterbildungsprogramm ist modular aufgebaut. In den fünf Modulen „Grundlagen der Investor Relations", „Der Kapitalmarkt – Funktionen und Instrumente", „Rechnungslegung und Analyse", „Rechtliche Rahmenbedingungen der Investor Relations" sowie „Kommunikation – Formen und Instrumente" soll den Teilnehmern vor allem die Breite und Vielschichtigkeit der Aufgaben eines IR-Managers vermittelt werden.

Der IR-Manager besitzt meistens einen betriebs- oder volkswirtschaftlichen Hintergrund. Dieser ist von großer Bedeutung, um die komplexen Sachverhalte, die an die Zielgruppen kommuniziert werden sollen, zu verstehen. Hierzu zählen insbesondere Fragestellungen aus den Bereichen Rechnungswesen und Controlling.

Aufgrund der zunehmenden Regulierungsdichte an den Kapitalmärkten empfiehlt sich außerdem eine regelmäßige Auffrischung der juristischen Kenntnisse hinsichtlich der für die Erfüllung der Pflichtkommunikation relevanten Gesetzesgrundlagen.

In den Stellenanzeigen börsennotierter Unternehmen werden zudem meist eine hohe Dienstleistungsorientierung, analytisches Denkvermögen, ausgeprägte kommunikative Fähigkeiten, sehr gutes Englisch und gute Kenntnisse in Office-Anwendungen wie Word, Excel und Powerpoint verlangt.

Anforderungen an einen IR-Manager sind:

✓ Abgeschlossenes Studium aus dem Bereich der Wirtschaftswissenschaften

✓ Kenntnisse des Kapitalmarktrechts

✓ Erfahrungen in den Bereichen Rechnungswesen und/oder Controlling

✓ Sehr gute Kenntnisse der deutschen und englischen Sprache

✓ Sicherer Umgang mit Standard-Office-Anwendungen

✓ Ausgeprägte kommunikative Fähigkeiten

✓ Analytisches Denkvermögen

Zu den Aufgaben des IR-Managers gehört vor allem die Einhaltung der Zulassungsfolgepflichten einer Börsennotierung. Dies ist das Mindesthandwerk, das eine Investor Relations Abteilung beherrschen muss.

Hierzu zählen die Durchführung der jährlichen Hauptversammlung sowie eine mögliche Dividendenbekanntmachung, die Erstellung und Veröffentlichung von Finanzberichten (je nach Börsenteilbereich halbjährlich oder quartalsweise), so genannte Schwellenmitteilungen (Über- oder Unterschreiten bestimmter, gesetzlich festgelegter Schwellen von Aktionären), Überwachung und gegebenenfalls

Veröffentlichung von Insiderinformationen, Mitteilung von Directors' Dealings (der Handel von Wertpapieren der eigenen Gesellschaft durch Führungskräfte), die Erstellung des jährlichen Dokuments nach dem Wertpapierprospektgesetz, Mitteilungen im Zusammenhang mit Angeboten zum Kauf neuer Wertpapiere (insbesondere bei Kapitalmaßnahmen) sowie Mitteilungen in Übernahme-, Squeeze-out- oder Delisting-Situationen (die genannten Begriffe werden in den folgenden Abschnitten noch näher erläutert).

1.4   Kommunikationskalender eines IR-Managers

Allein aus dem Mindestanforderungskatalog ergibt sich ein jährlich wiederkehrender Rhythmus für bestimmte Termine und Veranstaltungen. So schreibt beispielsweise die Börsenordnung vor, dass Jahresabschlüsse spätestens vier Monate und Zwischenberichte spätestens zwei Monate nach dem jeweiligen Abschlussstichtag zu veröffentlichen sind. Unterwirft sich Ihr Unternehmen dem Deutschen Corporate Governance Kodex, so werden diese Fristen sogar noch verkürzt.

Wie Ihr persönlicher Kommunikationskalender aussieht, hängt also von der Situation im jeweiligen Unternehmen ab. Der hier dargestellte Kalender soll lediglich einen groben Anhaltspunkt geben und bedarf der Anpassung auf die individuelle Situation Ihres Unternehmens. Zudem wird der Einfachheit halber unterstellt, dass Ihr Geschäftsjahr auch dem Kalenderjahr entspricht. Dies vorausgeschickt folgt nun ein jährlich wiederkehrender Kalender eines IR-Managers (siehe Tabelle 1).

Monat	Typische Aufgaben eines IR-Managers
Januar	Erste Gespräche mit Finanzwesen und Abschlussprüfern bezüglich der Erstellung des Jahresabschlusses Vorbreitung und Planung der Bilanzpressekonferenz
Februar	Zusammenfassung der Ergebnisse der Jahresabschlussarbeiten im Geschäftsbericht und Übersetzung
März	Veröffentlichung des Geschäftsberichts Bilanzpressekonferenz und gegebenenfalls Analystenveranstaltung
April	Vorbereitung des Abschlusses zum ersten Quartal Entwurf der Tagesordnung für die Hauptversammlung
Mai	Veröffentlichung des Quartalsberichts Einladung zur ordentlichen Hauptversammlung
Juni	Durchführung der Hauptversammlung
Juli	Vorbereitung des Halbjahresabschlusses
August	Veröffentlichung des Halbjahresberichts
September	
Oktober	Vorbereitung des Neunmonatsberichts
November	Veröffentlichung des Neunmonatsberichts
Dezember	Termin für nächste Hauptversammlung festlegen Formulierung der Corporate Governance Erklärung Veröffentlichung des Unternehmenskalenders für das folgende Geschäftsjahr

Tabelle 1:   *Kommunikationskalender eines IR-Managers*

Wie Sie sehen, sind bereits mit der Erfassung der Mindestanforderungen an Investor Relations nahezu alle Monate gefüllt. Je weiter der Markt und das Segment, in dem Ihr Unternehmen notiert ist, reguliert sind, desto höher werden die Anforderungen an Investor Relations. So bedeutet eine Notierungsaufnahme im General Standard Teilbereich der Deutschen Börse beispielsweise, dass Sie lediglich verpflichtet sind, einen Zwischenbericht im Geschäftsjahr abzugeben, wohingegen im Prime Standard Teilbereich Quartalsabschlüsse vorgeschrieben sind.

Für kleine und mittelgroße Unternehmen hat die Börse den so genannten Entry Standard geschaffen, in dem die Anforderungen wiederum deutlich niedriger sind. Träumen Sie aber davon, Ihr Unternehmen in einem Auswahlindex der Deutschen Börse wiederzufinden (Dax, MDax, SDax, TecDax usw.), so müssen Sie sich mit den höchsten Anforderungen des Prime Standard anfreunden.

Neben den festen Terminen gehören auch ganzjährig die regelmäßige Publikation von Ad-hoc-Mitteilungen, Directors' Dealings und Schwellenmitteilungen, die regelmäßige Aktualisierung des Unternehmenskalenders sowie die Planung und Durchführung von Roadshows (Besuch von Analysten und/oder Investoren) in Ihren Kommunikationskalender.

Praxistipp

Nutzen Sie das vergleichsweise ruhige zweite Halbjahr zur Durchführung von Roadshows. Insbesondere Banken, die Ihre Aktie betreuen (Designated Sponsors), und Analysten, die Studien zu Ihrem Unternehmen veröffentlichen, sind Ihnen gerne bei der Organisation behilflich.

2. Rechtlicher Rahmen der Investor Relations

Kaum ein anderer Rechtsrahmen ist so schnelllebig wie das Aktienrecht. Mit Reformen über Reformen versucht der Gesetzgeber, die Transparenz des Kapitalmarkts auf internationales Niveau zu hieven, und schießt dabei auch gerne über das Ziel hinaus. Da sich sowohl der europäische Gesetzgeber als auch die Bundesregierung den Bürokratieabbau auf die Fahnen geschrieben haben, darf man vielleicht in Zukunft auf Besserung hoffen.

Auch im Jahr 2007 war die Welle der Gesetzesänderungen nicht abgeebbt. Hintergrund sind die angestrebte Harmonisierung des Rechtsrahmens innerhalb der EU und die damit verbundenen Umsetzungen europäischer Richtlinien in nationales Recht.

2.1 Gesetzliche Grundlagen

Das deutsche Recht sieht eine Reihe von Gesetzen vor, die in die Kommunikationsabläufe eines börsennotierten Unternehmens eingreifen. Im Folgenden stelle ich Ihnen die Gesetze kurz vor, mit denen Sie sich als Investor Relations Manager unbedingt näher befassen sollten.

Aktiengesetz (AktG)

Die „Bibel" eines IR-Managers bildet das Aktiengesetz (AktG). § 1, Abs. 1, S. 1 AktG sagt: „Die Aktiengesellschaft ist eine Gesellschaft mit eigener Rechtspersönlichkeit." Hieraus wird klar, dass sich die Aktiengesellschaft deutlich von Personengesellschaften unterscheidet. Sie ist eine juristische Person, hat Rechte und Pflichten und kann für Fehlverhalten direkt haftbar gemacht werden.

Das Aktiengesetz regelt die Struktur der Gesellschaft, befasst sich mit der Rechnungslegung und Gewinnverwendung und definiert die Befugnisse ihrer Organe (Vorstand, Aufsichtsrat, Hauptversammlung). Zur Hauptversammlung werden darüber hinaus die Einladungsmodalitäten und Beschlussvorschriften genau festgelegt.

Wertpapierprospektgesetz (WpPG)

Wichtig für Unternehmen, die Aktien zum Kauf anbieten, z.B. im Zusammenhang mit dem Börsengang oder Kapitalerhöhungen, ist das Wertpapierprospektgesetz (WpPG). Hieraus ergibt sich die Pflicht zur Erstellung eines Prospekts, in dem neben der ausführlichen Beschreibung der Anlagemöglichkeit sämtliche Chancen und Risiken des Unternehmens aufzunehmen sind.

In einer seiner zahlreichen Reformen hat der Gesetzgeber außerdem die Pflicht zur Erstellung des jährlichen Dokuments im WpPG verankert. Dabei handelt es sich um ein Dokument, das von allen börsennotierten Gesellschaften zu erstellen ist und alle Pflichtveröffentlichungen eines Jahres beinhaltet.

Besser aufgehoben wäre die vorgenannte Pflicht zur Erstellung eines jährlichen Dokuments sicher im Wertpapierhandelsgesetz (WpHG).

Wertpapierhandelsgesetz (WpHG)

Zu den Kernbereichen des WpHG gehört die Pflicht zur Ad-hoc-Publizität nach § 15 WpHG. Hiernach muss ein Emittent unverzüglich Informationen über nicht öffentlich bekannte Umstände veröffentlichen. Diese Umstände müssen bereits eingetreten sein oder es muss mit hinreichender Wahrscheinlichkeit davon ausgegangen werden können, dass sie eintreten werden.

Zweck der Ad-hoc-Publizitätspflicht ist es, einen gleichen Informationsstand der Marktteilnehmer durch eine schnelle und gleichmäßige Aufklärung des Marktes zu erreichen, damit sich keine unangemessenen Börsen- oder Marktpreise aufgrund fehlerhafter oder unvollständiger Unterrichtung des Marktes bilden. § 15 WpHG enthält ebenso wie die gesetzliche Definition der Insiderinformation in § 13 WpHG eine Reihe unbestimmter Rechtsbegriffe, die sich aus europarechtlichen Vorgaben ergeben.

Darüber hinaus regelt das WpHG weitere Veröffentlichungspflichten wie mitteilungspflichtige Geschäfte von Führungspersonen (Directors' Dealings), Schwellenmiteilungen und Verbotstatbestände wie Insiderhandel oder Weitergabe von

Insiderinformationen sowie deren Strafbarkeit. Auch die Pflicht zur Führung eines Insiderverzeichnisses ist Bestandteil des WpHG.

Ein Musterbeispiel der politischen Reformwut ist der § 37 WpHG. Immer wieder wurden neue Regelungen unterschiedlichster Art, die sich an verschiedenste Zielgruppen richten, unter diesem Paragrafen eingeführt. Nehmen Sie sich einmal ein paar Minuten Zeit und blättern Sie ein wenig im WpHG. Die gute Nachricht vorweg: Inzwischen sind wir beim § 37z WpHG angekommen, so dass weitere Regelungen unter diesem Paragrafen nicht zu erwarten sind.

Transparenzrichtlinie-Umsetzungsgesetz (TUG) und Gesetz über das elektronische Handelsregister und Genossenschaftsregister sowie das Unternehmensregister (EHUG)

Das Anfang 2007 in Kraft getretene Transparenzrichtlinie-Umsetzungsgesetz (TUG) und das Gesetz über das elektronische Handelsregister und Genossenschaftsregister sowie das Unternehmensregister (EHUG) bringen einige Neuregelungen hinsichtlich der Zulassungsfolgepflichten mit sich.

Durch das EHUG wurden zahlreiche Gesetze, wie z.B. das AktG, das GmbHG, die Börsenzulassungsverordnung, geändert. Die stärksten Änderungen erfuhren die Vorschriften des HGB, insbesondere hinsichtlich der Aufstellung und Veröffentlichung der Jahresabschlüsse.

Sinnvoll war sicherlich die Umgliederung der meisten Pflichten von der Börsenzulassungsverordnung (BörsZulV) in das WpHG, so dass sich die BörsZulV nun, wie der Name vermuten lässt, auf die Voraussetzungen einer Börsenzulassung bezieht.

Nach den geänderten Regeln müssen sämtliche WpHG-Offenlegungspflichten (Ad-hoc-Mitteilungen, Directors' Dealings, Schwellenmitteilungen) europaweit verbreitet und an das internetbasierte Unternehmensregister übertragen werden.

Üblicherweise werden derartige Meldungen über Dienstleistungsunternehmen (siehe Kapitel 8) versandt, die sowohl die gesetzeskonforme Verbreitung gewährleisten als auch die Übertragung an das Unternehmensregister übernehmen, so dass durch diese zusätzlichen Anforderungen kein Mehraufwand bei den börsennotierten Unternehmen entsteht.

In Bezug auf die Organisation der Hauptversammlung brachte das EHUG eine Erleichterung mit sich, die sich in einer Änderung des AktG niederschlägt: Pflichtunterlagen, die bisher in den Geschäftsräumen für interessierte Aktionäre zur Einsicht ausgelegt werden mussten, können nun auch alternativ auf der In-

ternetseite bereitgestellt werden. Diese Anpassung war lange überfällig, denn in
der Praxis ist mir kein Fall bekannt, in dem ein Aktionär spontan in den Geschäftsräumen auftauchte und Einsichtnahme verlangte.

Bei der Umsetzung der Transparenzrichtlinie durch das TUG wurden außerdem
auch Regelungen des Handelsgesetzbuches (HGB) reformiert. Aus ihnen ergibt
sich nun die Pflicht eines Bilanzeids, der vor 2007 nicht gefordert war. Ein Muster hierfür finden Sie in Abschnitt 5.6. Verhältnismäßig frisch im HGB ist auch
die Pflicht zur Offenlegung der individuellen Vorstandsgehälter, die mit der Einführung des (VorstOG) in Kraft getreten ist.

Wertpapierübernahmegesetz (WpÜG)

Unternehmensübernahmen und damit verbundene Verhaltens- und Offenle-
gungspflichten finden sich im WpÜG. Es regelt die Übernahme von Aktiengesellschaften und Kommanditgesellschaften auf Aktien (KGaA) mit Sitz in
Deutschland aufgrund eines freiwilligen öffentlichen Angebotes oder einer Verpflichtung nach dem Gesetz, dem so genannten Pflichtangebot.

Anwendung findet das WpÜG bei allen Angeboten zum Erwerb von Wertpapieren, die von einer Zielgesellschaft ausgegeben und zum Handel an einem organisierten Markt zugelassen sind.

Die Kontrolle der Beachtung des Gesetzes sowie die Verhängung von Sanktionen
verantwortet die Bundesanstalt für Finanzdienstleistungsaufsicht (kurz BaFin).

Vorstand und Aufsichtsrat der Zielgesellschaft werden im WpÜG verpflichtet,
im Interesse ihrer Gesellschaft zu handeln. Ferner ist ein Verbot von Abwehr-
maßnahmen enthalten. Ausnahme bildet die ausgesprochene Erlaubnis an den
Vorstand der Zielgesellschaft, einen so genannten „Weißen Ritter" zu suchen.
Das Gesetz regelt außerdem enge Fristen für Bieter und Zielgesellschaft, um ein
rasches und zügiges Übernahmeverfahren zu gewährleisten.

Zusammenfassung

Die wichtigsten Gesetze und ihr Kapitalmarktbezug sind in der Tabelle 2 zusammengefasst.

Gesetz	Wesentlicher Inhalt mit Bezug auf börsennotierte Unternehmen
AktG	Errichtung und Verfassung einer Aktiengesellschaft, Hauptversammlung, Rechnungslegung
WpHG	Zulassungsfolgepflichten, Insiderhandel, Strafvorschriften
BörsG, BörsZulV	Organisation und Tätigkeit von Börsen, Zulassungsvoraussetzungen; Zulassungsfolgepflichten wurden durch das TUG weitestgehend in das WpHG verlagert
WpPG	Bestimmungen zu Verkaufs- und Zulassungsprospekten, jährliches Dokument
HGB	Deutsches Handelsrecht, nationale Rechnungslegungsvorschriften, Einführung des elektronischen Unternehmensregisters durch das EHUG, Bilanzeid, Offenlegung der Vorstandsgehälter
WpÜG	Grundsätze bei Unternehmensübernahmen und Kontrollerwerb, Squeeze-out, Gleichbehandlungsgebot, Regelungen zur Angebotsunterlage

Tabelle 2:   *Übersicht kapitalmarktrelevanter Gesetze*

2.2 Börsenordnung

Die Börsenordnung ist eine Forderung des § 13 Börsengesetz (BörsG), das sich wiederum mit der Errichtung und der Aufsicht einer Börse befasst und Regelungen zur Preisfeststellung von Wertpapieren enthält.

Das BörsG stellt also den rechtlichen Rahmen einer Börse dar, wohingegen die Börsenordnung Auflagen enthält, die die Emittenten betreffen. Sie ist eine Satzung und enthält Bestimmungen über die Organisation, die Handelsarten, die Kursveröffentlichungen, die Zulassung von Wertpapieren und über Entgelte.

Ferner sind die verschiedenen Zulassungsfolgepflichten für einzelne Marktteilbereiche (General Standard und Prime Standard) in ihr geregelt. Hieraus ergibt sich beispielsweise die Pflicht zur gleichzeitigen Kommunikation in deutscher und englischer Sprache, wenn ein Unternehmen im Prime Standard notiert ist.

2.3   Corporate Governance Kodex

Im angelsächsischen Raum wurden schon recht früh interne Überwachungs-
systeme in den Pflichtenrahmen für die Unternehmensgestaltung und -bericht-
erstattung aufgenommen. Mit dem Deutschen Corporate Governance Kodex
sollen die in Deutschland geltenden Regeln für Unternehmensleitung und -über-
wachung für nationale wie internationale Investoren transparent gemacht werden, um so das Vertrauen in die Unternehmensführung deutscher Gesellschaften
zu stärken.

Corporate Governance behandelt wesentliche Kritikfelder vor allem ausländi-
scher Investoren an der deutschen Unternehmensverfassung, nämlich mangel-
hafte Ausrichtung auf Aktionärsinteressen, das Zusammenwirken von Vorstand
und Aufsichtsrat, mangelnde Transparenz deutscher Unternehmensführung und
eingeschränkte Unabhängigkeit der Abschlussprüfer.

Für alle diese Felder gibt der Corporate Governance Kodex Best-Practice-
Vorschriften vor, denen sich in Deutschland börsennotierte Unternehmen unterwerfen können, aber nicht müssen. Gesetzlich verankert ist lediglich die Pflicht
zur Abgabe einer Entsprechenserklärung (§ 161 AktG), in der Unternehmen
erklären müssen, welchen Vorschriften des Kodex das Unternehmen wider-
spricht. Bei bestimmten Vorschriften muss das Unternehmen darüber hinaus in
der Entsprechenserklärung den Grund der Abweichung erläutern.

Im Einzelnen entwickelt der Kodex Regeln für Vorstände und Aufsichtsräte zur
Offenlegung von Interessenkonflikten und macht Vorschläge zur Arbeit des Aufsichtsrats, zur Bildung von Ausschüssen, zur Transparenz beim Handel in Aktien
der Gesellschaft und zum Aktienbesitz der Organe. Er befasst sich ferner mit der
Unabhängigkeit des Abschlussprüfers und der Offenlegung seiner Beziehungen
zur Gesellschaft gegenüber dem Aufsichtsrat.

Der Kodex wird jährlich aktualisiert und ist im Internet in seiner jeweils aktuellen Version unter der Adresse http://www.dcgk.de/ abrufbar.

Die Entsprechenserklärung ist ebenfalls jährlich abzugeben und muss darüber
hinaus den Aktionären dauerhaft zugänglich gemacht werden. Hierzu empfiehlt
sich eine Rubrik „Corporate Governance" auf der IR-Website des Unternehmens.

Corporate Governance ist also sehr vielschichtig und umfasst folgende Maßnahmen:

▪ Einhalten von Gesetzen und Regelwerken (Compliance)

- Befolgen anerkannter Standards und Empfehlungen

- Entwicklung eigener Unternehmensleitlinien

- Implementierung von Leitungs- und Kontrollstrukturen

- Transparenz in der Unternehmenskommunikation

Die Akzeptanz des deutschen Corporate Governance Kodex ist inzwischen beachtlich: Das Berlin Center of Corporate Governance (BCCG) stellte in seiner jährlichen Studie, die zuletzt im Mai 2007 veröffentlicht wurde, eine hohe Zustimmungsquote fest.[3] Demnach werden bei den Dax-Unternehmen inzwischen 97,3 Prozent aller Kodex-Empfehlungen befolgt, im MDax 92,4 Prozent und im SDax immerhin noch 86,2 Prozent.

2.4 Teilbereiche der Börsensegmente und ihre spezifischen Anforderungen

Emittenten haben an der Deutschen Börse die Wahl zwischen drei Transparenzstandards. Ein Börsengang im Regulierten Markt führt in den General Standard oder seinen Teilbereich Prime Standard. Im Freiverkehr hingegen führt die Erfüllung zusätzlicher Transparenzanforderungen in den überwiegend von der Börse regulierten Entry Standard.

Mit Inkrafttreten des Finanzmarktrichtlinie-Umsetzungsgesetzes ergaben sich Änderungen für das Verfahren zur Zulassung von Wertpapieren zum Börsenhandel. Unter anderem wurde die bisher bestehende Unterteilung der organisierten Märkte in den amtlichen und den geregelten Markt aufgehoben. Seit dem 1. November 2007 kann eine Zulassung nur noch zum so genannten regulierten Markt (General Standard) bzw. zum Teilbereich des regulierten Marktes mit weiteren Zulassungsfolgepflichten (Prime Standard) an der Frankfurter Wertpapierbörse erfolgen.

Unternehmen im General Standard und Prime Standard erfüllen höchste europäische Transparenzanforderungen. Beim Entry Standard nutzt die Börse ihren Gestaltungsspielraum, um insbesondere kleinen bis mittelgroßen Unternehmen eine einfache, schnelle und kostengünstige Einbeziehung in den Börsenhandel zu ermöglichen.

---

3 Vgl. "Executive Summary zum Kodex Report 2007", Berlin Center of Corporate Governance, http://www.bccg.tu-berlin.de/, Stand Dezember 2007.

Da die überwiegende Zahl der Unternehmen in den Teilbereichen General oder Prime Standard notiert sind, sollen im Folgenden die wichtigsten Unterschiede dieser Teilbereiche kurz dargestellt werden.

Im General Standard gelten die Mindestanforderungen des Gesetzgebers. Unternehmen, die in diesem Teilbereich notiert sind, müssen demnach innerhalb von vier Monaten nach Ende des Geschäftsjahres einen Jahresfinanzbericht veröffentlichen. Es ist ein internationaler Rechnungslegungsstandard (z.B. IFRS / IAS oder US GAAP) anzuwenden. Ein Halbjahresfinanzbericht muss innerhalb von zwei Monaten nach dem Ende des Berichtszeitraums publiziert werden. Seit Anfang 2007 sind Zwischenmitteilungen für die Quartale 1 und 3 über die allgemeine Finanzlage und die wesentlichen Ereignisse des Berichtszeitraums abzugeben. Außerdem hat der Emittent durch Ad-hoc-Mitteilungen Unternehmensnachrichten, die den Börsenkurs beeinflussen könnten, zu veröffentlichen. Auch das Erreichen und die Über- bzw. Unterschreitung von Meldeschwellen sowie Geschäfte von Führungspersonen (Directors' Dealings) sind mitteilungspflichtig.

Unternehmen, die im Prime Standard notiert sind, erfüllen über die Anforderungen des General Standard hinausgehende internationale Transparenzanforderungen. Dies ist insbesondere wichtig, wenn das Unternehmen auch internationalen Investoren präsentiert werden soll.

So sind Unternehmen im Prime Standard gegenüber Unternehmen im General Standard zusätzlich verpflichtet, Quartalsberichte zu erstellen sowie einen Unternehmenskalender im Internet zu pflegen. Darüber hinaus müssen Prime Standard-Unternehmen in Deutsch und Englisch berichten und mindestens eine Analystenkonferenz pro Jahr abhalten.

Nur Unternehmen, die im Prime Standard notiert sind, werden bei der Zusammensetzung der Auswahlindizes wie Dax, MDax, SDax und TecDax berücksichtigt.

Abbildung 1 stellt die Unterschiede zwischen den drei Standards dar.

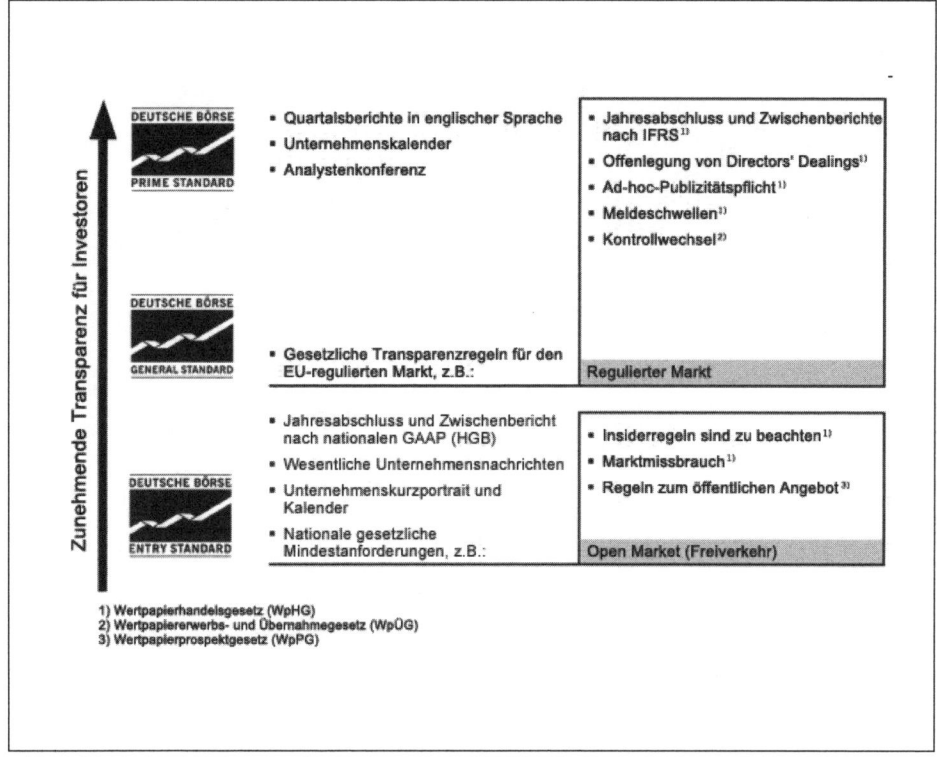

Quelle: www.deutsche-boerse.com, Stand 1/2008
Abbildung 1: *Transparenzstufen für Unternehmen*

3. Totale Transparenz: Zulassungsfolgepflichten

3.1 Ad-hoc-Mitteilungen – Die Königsdisziplin der Pflichtpublizität

Definition

Es gibt bestimmte Situationen, in denen eine einfache Information des Kapitalmarkts z.B. durch die Veröffentlichung einer Pressemitteilung oder durch Veröffentlichung auf der Unternehmenshomepage nicht ausreichend ist. Allgemein formuliert ist dies dann der Fall, wenn es sich um besonders wichtige und vor allem für Unternehmensexterne unerwartete Ereignisse handelt. In diesen Fällen muss das Unternehmen bei seiner Kapitalmarktinformation eine so genannte Bereichsöffentlichkeit herstellen, es muss ein bestimmter Mindestempfängerkreis der Information gewährleistet sein.

Dieser Pflicht tut das Unternehmen Genüge, indem es seine Information als Ad-hoc-Mitteilung kennzeichnet und nach einem in § 5 der Wertpapierhandelsanzeige- und Insiderverzeichnisverordnung (WpAIV) normierten Verfahren veröffentlicht. Glücklicherweise brauchen Sie sich keine Gedanken zu machen, wie Sie die Anforderungen an die Herstellung der Bereichsöffentlichkeit erfüllen. Hierfür gibt es Dienstleistungsunternehmen, über die Sie Ihre Information versenden können und die gewährleisten, dass sie die vorgeschriebenen Empfänger erreicht.

Die Vorschrift des § 5 WpAIV besagt, dass der Emittent dafür Sorge zu tragen hat, dass die Information

- über ein elektronisch betriebenes Informationsverbreitungssystem, das bei Kreditinstituten, nach § 53 Abs. 1 Satz 1 des Kreditwesengesetzes tätigen Unternehmen, anderen Unternehmen, die ihren Sitz im Inland haben und an einer inländischen Börse zur Teilnahme am Handel zugelassen sind, und Versicherungsunternehmen weit verbreitet ist, in die Öffentlichkeit gelangt und

▪ sofern der Veröffentlichungspflichtige über eine Adresse im Internet verfügt, unter dieser Adresse für die Dauer von mindestens einem Monat verfügbar ist, wobei die Hauptseite einen deutlich erkennbaren Hinweis auf eine Seite mit Informationen für Anleger zu enthalten hat, unter der die Veröffentlichung leicht aufzufinden sein muss.

Dieser Verpflichtung kommen Sie nach, indem Sie die Veröffentlichung über ein entsprechendes Dienstleistungsunternehmen (siehe Abschnitt 8.5) versenden.

Wie der Name bereits vermuten lässt, muss es bei Ad-hoc-Mitteilungen besonders schnell gehen. Eine als ad-hoc-pflichtig eingestufte Information muss unverzüglich, also ohne schuldhaftes Zögern, veröffentlicht werden. Eine sorgfältige Prüfung des Sachverhalts hinsichtlich seiner Eignung zur Ad-hoc-Publizitätspflicht ist erlaubt bzw. geboten. Hierzu kann auch externer Rat, z.B. durch einen Rechtsanwalt, eingeholt werden. Jedoch darf dadurch der Prüfungsprozess nicht übermäßig gestreckt werden.

Die Veröffentlichung hat im Regelfall in deutscher Sprache zu erfolgen. Durch eine zeitgleiche Veröffentlichung in englischer Sprache darf die Unverzüglichkeit der Mitteilung nicht gefährdet werden. Die Veröffentlichung der englischen Mitteilung muss also im Zweifel nachgeholt werden, wenn sich die Übersetzung nicht zeitnah organisieren lässt. In diesem Punkt sind Gesetz und Transparenzanforderungen der Deutschen Börse widersprüchlich. In den Börsenordnungen der Wertpapierbörsen wird teilweise gefordert, dass eine zeitgleiche Veröffentlichung der Ad-hoc-Mitteilung in englischer Sprache zu erfolgen hat. Die BaFin hat in ihrem Emittentenleitfaden klargestellt, dass diese Regelungen gegenüber dem Unverzüglichkeitserfordernis des § 15 WpHG nachrangig sind und daher keine Verzögerung rechtfertigen können.[4]

Auch dann, wenn nach dem Wortlaut des Gesetzes eine spätere Veröffentlichung der englischen Version nicht in Form einer Ad-hoc-Mitteilung erfolgen dürfte, weil die Information zu diesem Zeitpunkt bereits öffentlich bekannt ist, sieht die BaFin eine solche Meldung als zulässig an. Die Veröffentlichung der Übersetzung muss aber dann innerhalb von 24 Stunden nach Veröffentlichung der deutschen Mitteilung erfolgen.

---

4   Vgl. hierzu BaFin Emittentenleitfaden (2005), S. 66.

Achtung!

Es ist ein weit verbreiteter Irrglaube, dass die Veröffentlichung von Ad-hoc-Mitteilungen außerhalb von Börsenhandelszeiten erfolgen soll. Das Gegenteil ist der Fall. Die BaFin hat hierauf in einem Schreiben an die Emittenten explizit hingewiesen.

Weitaus kniffliger als das Timing ist die Frage, ob ein Sachverhalt ad-hoc-pflichtig ist oder nicht. Schon mal vorab: Diese Frage werde ich Ihnen nicht abschließend beantworten können, aber ich hoffe, dass Sie anschließend eine Sensibilität für diese Fragestellung entwickelt haben.

Der Gesetzgeber hat sich in diesem Zusammenhang folgende diplomatische Formulierung einfallen lassen: Veröffentlichungspflichtig sind Insiderinformationen. Insiderinformationen wiederum sind konkrete Informationen über nicht öffentlich bekannte Umstände, die sich unmittelbar auf den Emittenten beziehen, die geeignet sind, den Börsenpreis einer Aktie erheblich zu beeinflussen, und deren Eintritt hinreichend wahrscheinlich ist.

Diese kleinen Bedingungen stellen den IR-Manager mitunter vor große Probleme. Ob sich eine Information unmittelbar auf den Emittenten, also das eigene Unternehmen bezieht, vermag er höchstwahrscheinlich noch zu beurteilen, aber dann wird es schon schwierig. Woher soll er wissen, ob diese Information geeignet ist, den Börsenpreis erheblich zu beeinflussen? Und was genau heißt in diesem Zusammenhang erheblich? Fünf Prozent Kursveränderung oder zehn Prozent – diese Frage wird Ihnen niemand seriös beantworten können.

Einen Anhaltspunkt, ob ein Umstand ad-hoc-pflichtig ist oder nicht, liefert der Emittentenleitfaden der Bundesanstalt für Finanzdienstleistungsaufsicht (BaFin). Hier ist ein Katalog von Umständen aufgeführt, die regelmäßig eine Ad-hoc-Pflicht hervorrufen.

Teilweise noch schwieriger zu beantworten ist aber die Frage, ab wann es hinreichend wahrscheinlich ist, dass ein bestimmter Umstand eintritt. Stellen Sie sich folgende Situation vor:

Beispiel

Sie arbeiten in einem börsennotierten, mittelständischen Unternehmen mit einem Jahresumsatz von 100 Mio. Euro. Ihr Vertriebsleiter erzählt Ihnen beim Mittagessen, dass er einen dicken Fisch an der Angel hat und über einen Auftrag verhandelt, der den Umsatz des nächsten Jahres auf 200 Mio. Euro verdoppeln würde.

Ist diese Information nun ad-hoc-pflichtig? Stellen Sie diese Frage doch mal einem Rechtsanwalt. Seine Antwort wird lauten: Das kommt drauf an.

Und damit hat er es auf den Punkt getroffen. Sofern der Kapitalmarkt einen entsprechenden Auftrag und damit verbundenen Umsatzanstieg im Folgejahr bereits erwartet, ist diese Information wahrscheinlich nicht ad-hoc-pflichtig, denn eine Beeinflussung des Börsenpreises ist in diesem Fall nicht zu erwarten. Hier würde es höchstens noch um die Konkretisierung der Erwartungen gehen.

Nehmen wir an, der Kapitalmarkt erwartet keinen solchen Auftrag, sondern er geht auch für das nächste Jahr von einem Umsatz in Höhe von 100 Mio. Euro aus. Eine unerwartete Umsatzverdopplung wäre sicher geeignet, den Börsenpreis erheblich zu beeinflussen, auch wenn wir noch immer nicht genau wissen, was erheblich ist. Grundsätzlich hat ein gewisser „Überraschungsmoment" häufig das Potenzial, eine Ad-hoc-Publizitätspflicht herbeizuführen.

Praxistipp

Um einzuschätzen, was der Markt erwartet und was nicht, sollten Sie Studien der Analysten zu Rate ziehen, die Ihr Unternehmen und/oder Ihre Branche beobachten. Diese enthalten Prognosen zur erwarteten Markt- und Unternehmensentwicklung. Außerdem empfiehlt es sich, stets ein Auge auf die diversen Aktienchats im Internet (z.B. www.wallstreet-online.de) zu werfen, um ein Gefühl für die Erwartungen Ihrer Anteilseigner zu bekommen.

Es stellt sich aber weiterhin die Frage, ab wann dieser Auftrag mitteilungspflichtig ist, denn die abschließende Bedingung lautet ja, wenn der Eintritt der Umstände hinreichend wahrscheinlich ist.

Der Eintritt der Umstände ist in diesem Fall gleichzusetzen mit dem Zustandekommen des Vertrags. Die Frage lautet also: Wann ist hinreichend wahrscheinlich, dass der Vertrag zu Stande kommt? Der Gesetzgeber unterstellt, dass dies regelmäßig noch vor seiner Unterzeichnung der Fall ist. Ihnen bleibt hier nichts anderes übrig, als darauf zu vertrauen, dass der Vertriebsleiter seinen Kunden sehr gut kennt und einschätzen kann und Ihnen mitteilt, wann er mit der Unterzeichnung rechnet.

Dieses Beispiel stellt gegenüber den in der Praxis auftretenden Situationen eher den einfachen Fall dar. Stellen Sie sich vor, Sie arbeiten nicht in einem mittelständischen Unternehmen, sondern in einem international agierenden Großkonzern. Dort hätten Sie wahrscheinlich nicht das Glück, Ihren Vertriebsleiter in der Kantine zu treffen, und könnten ihn für das Thema überhaupt nicht sensibilisieren. Mitunter kennen Sie also nicht alle Vorgänge, die international im Unternehmen vonstatten gehen. Mitarbeiter im Ausland kennen das deutsche Aktien-recht nicht, so dass sie gar nicht merken, ob eine Information an den IR-Manager zu einem bestimmten Zeitpunkt geboten wäre.

Praxistipp

Die meisten ad-hoc-auslösenden Informationen resultieren aus Kapitalmaß-nahmen, Umstrukturierungen, Übernahmen, Organveränderungen oder Groß-aufträgen. Der Informationsfluss bei den ersten vier Tatbeständen sollte auf-grund Ihrer Position im Unternehmen eigentlich nicht an Ihnen vorbei gehen, problematisch ist lediglich der letzte Fall. Knüpfen Sie daher unternehmensin-tern Kontakte zu den Personen, die solche Verträge verhandeln, und sensibili-sieren Sie diese zur frühen Weitergabe von Informationen. Nehmen Sie auch den Vorstand in die Pflicht, Ihnen derartige Informationen schnellstmöglich zu-zutragen. Wenn Ihr Netzwerk innerhalb des Unternehmens dicht geknüpft ist, sollten zumindest keine ad-hoc-relevanten Umstände verborgen bleiben. Ist ei-ne Abwägung darüber, ob ein Umstand letztendlich mitteilungspflichtig ist oder nicht, sehr schwierig, können Sie auch Mitarbeiter der BaFin zu Rate ziehen.

Typische Fälle, die eine Ad-hoc-Pflicht hervorrufen

Die BaFin hat in ihrem Emittentenleitfaden einen Katalog von Umständen veröf-fentlicht, die geeignet sind, den Marktpreis einer Aktie erheblich zu beeinflus-sen, und daher zu einer Pflicht zur Veröffentlichung einer Ad-hoc-Mitteilung führen können.[5] Dabei handelt es sich jedoch um Beispiele mit begrenzter Aus-sagekraft. Ob ein im Katalog aufgeführter Sachverhalt tatsächlich eine Ad-hoc-Pflicht hervorruft, muss im konkreten Einzelfall stets geprüft werden.

Die hier aufgeführten Beispiele sind im Falle ihres Eintretens also eher als Auf-forderung zur Prüfung zu verstehen. Nach Angaben der BaFin sind also folgende typische Sachverhalte auf ihre Eignung zur Auslösung einer Ad-hoc-Pflicht zu prüfen:

- Veräußerung von Kerngeschäftsfeldern, Rückzug aus oder Aufnahme von neuen Kerngeschäftsfeldern

- Verschmelzungsverträge, Eingliederungen, Ausgliederungen, Umwandlun-gen, Spaltungen sowie andere wesentliche Strukturmaßnahmen

- Beherrschungs- und/oder Gewinnabführungsverträge

---

5   Vgl. hierzu BaFin Emittentenleitfaden (2005), S. 43 f.

- Erwerb oder Veräußerung von wesentlichen Beteiligungen

- Übernahme- und Abfindungs-/Kaufangebote

- Kapitalmaßnahmen (inklusive Kapitalberichtigung)

- wesentliche Änderung der Ergebnisse der Jahresabschlüsse oder Zwischenberichte gegenüber früheren Ergebnissen oder Marktprognosen

- Änderung des Dividendensatzes

- bevorstehende Zahlungseinstellung/Überschuldung, Verlust nach § 92 AktG/kurzfristige Kündigung wesentlicher Kreditlinien

- Verdacht auf Bilanzmanipulation, Ankündigung der Verweigerung des Jahresabschlusstestats durch den Wirtschaftsprüfer

- erhebliche außerordentliche Aufwendungen (z.B. nach Großschäden oder Aufdeckung krimineller Machenschaften) oder erhebliche außerordentliche Erträge

- Ausfall wesentlicher Schuldner

- Abschluss, Änderung oder Kündigung besonders bedeutender Vertragsverhältnisse (einschließlich Kooperationsabkommen)

- Restrukturierungsmaßnahmen mit erheblichen Auswirkungen auf die künftige Geschäftstätigkeit

- bedeutende Erfindungen, Erteilung bedeutender Patente und Gewährung wichtiger (aktiver/passiver) Lizenzen

- maßgebliche Produkthaftungs- oder Umweltschadensfälle

- Rechtsstreitigkeiten von besonderer Bedeutung

- überraschende Veränderungen in Schlüsselpositionen des Unternehmens (z.B. Vorstandsvorsitzender, Aufsichtsratsvorsitzender, überraschender Ausstieg des Unternehmensgründers)

- überraschender Wechsel des Wirtschaftsprüfers

- Antrag des Emittenten auf Widerruf der Zulassung zum amtlichen oder geregelten Markt, wenn nicht noch an einem anderen inländischen organisierten Markt eine Zulassung aufrechterhalten wird

- Lohnsenkungen oder Lohnerhöhungen

- Beschlussfassung des Vorstandes, von der Ermächtigung der Hauptversammlung zur Durchführung eines Rückkaufprogramms Gebrauch zu machen.

Probleme bereiten häufig Absichtserklärungen, so genannte Letters of Intent. Während vor Abschluss eines Letter of Intent noch keine ausreichende Konkretisierung eines Sachverhalts vorliegt, ist diese Frage spätestens mit dem Abschluss eines solchen zu stellen.

Der Abschluss eines Letter of Intent hat nicht automatisch eine Pflicht zur Ad-hoc-Mitteilung zur Folge. Ob er eine Pflicht zur Ad-hoc-Mitteilung auslöst, hängt im Einzelfall davon ab, welche Konkretisierung der Letter of Intent enthält und wie wahrscheinlich der Abschluss der zu Grunde liegenden Transaktion ist.

In der Regel sind die in einem Letter of Intent enthaltenen Vereinbarungen rechtlich unverbindliche Absichtserklärungen. Sollten diese bereits sehr ernsthaft und konkret und die Durchführung der Transaktion auf dieser Grundlage sehr wahrscheinlich sein, so kann bereits der Abschluss des Letter of Intent mitteilungspflichtig sein.

Üblicherweise bleiben aber im Letter of Intent noch wesentliche Details der Transaktion offen, die erst später bei den Vertragsverhandlungen verhandelt werden. Für den Vorstand der potenziell ad-hoc-meldepflichtigen Aktiengesellschaft bedeutet dies, dass er spätestens mit dem Abschluss eines Letter of Intent laufend das Vorliegen der Ad-hoc-Meldepflicht prüfen muss.

Die Möglichkeit der Selbstbefreiung

Sollte der Vorstand für einen bestimmten Sachverhalt eine Ad-hoc-Mitteilungspflicht annehmen, so kann er sich gleichwohl unter bestimmten Voraussetzungen von der Veröffentlichungspflicht befreien. Die Möglichkeit der Selbstbefreiung ist in § 15 Abs. 3 WpHG geregelt. Hiernach ist es dem Vorstand erlaubt, von einer Ad-hoc-Mitteilung vorübergehend abzusehen, wenn die Voraussetzungen für eine Selbstbefreiung vorliegen.

Voraussetzungen für eine Selbstbefreiung sind der Schutz von berechtigten Interessen der Gesellschaft und das Verhindern der Irreführung der Öffentlichkeit, wobei die Vertraulichkeit der Insiderinformation gewährleistet sein muss.

Berechtigte Interessen des Emittenten liegen nach § 6 S. 1 der Verordnung zur Konkretisierung von Anzeige-, Mitteilungs- und Veröffentlichungspflichten sowie der Pflicht zur Führung von Insiderverzeichnissen nach dem Wertpapierhandelsgesetz (WpAIV) immer dann vor, wenn das Interesse des Emittenten an der Geheimhaltung der Information höher einzuschätzen ist als die Interessen des Kapitalmarktes an einer vollständigen und zeitnahen Veröffentlichung.

Die berechtigten Interessen der Gesellschaft können sein, dass ein öffentliches Bekanntwerden eines Sachverhalts den Gang laufender Vertragsverhandlungen gefährden würde. Dies ist insbesondere der Fall, wenn eine Änderung des Börsenkurses die wirtschaftlichen Grundlagen der Transaktion beeinflusst. Die zu frühe Bekanntmachung beispielsweise einer Unternehmensübernahme oder von Sanierungsgesprächen zur Abwendung einer möglichen Insolvenz oder einer Kreditkündigung durch Banken kann negative Auswirkungen auf die Gesellschaft haben.

Die Möglichkeit des Aufschubs der Ad-hoc-Publizität setzt außerdem voraus, dass eine Irreführung der Öffentlichkeit nicht zu befürchten ist. Fraglich ist, wann eine Irreführung der Öffentlichkeit vorliegt. Eine Unterscheidung in positive und negative Nachrichten ergibt bei der Abwägung wenig Sinn. Vielmehr liegt eine Irreführung der Öffentlichkeit vor, wenn dem Publikum Informationen vorliegen, die im Widerspruch mit der zu veröffentlichenden Ad-hoc-Meldung stehen, sei es durch selbst gesetzte Signale oder durch im Vorfeld veröffentlichte Meldungen, die von außen betrachtet auf einen gegenteiligen Sachverhalt schließen lassen.

Darüber hinaus ist ein Aufschub der Ad-hoc-Publizität nur zulässig, wenn und solange der Emittent die Vertraulichkeit der Insiderinformation gewährleisten kann. Nach § 7 WpAIV ist die Vertraulichkeit dann gewährleistet, wenn der Emittent den Zugang zu der Insiderinformation kontrolliert, indem er Vorkehrungen dafür trifft, dass nur Personen Zugang zu den Insiderinformationen haben, die diese für die Wahrnehmung ihrer Aufgaben beim Emittenten unbedingt benötigen.

Ein häufiges Problem im Zusammenhang mit der Selbstbefreiung ist der Umgang mit Gerüchten. Wenn beispielsweise Journalisten bei Ihnen anrufen und Sie mit Mutmaßungen konfrontieren, die aber im Kern den aufgeschobenen ad-hoc-pflichtigen Sachverhalt wiedergeben, ist die Gewährleistung der Vertraulichkeit im Nachgang nur schwer nachzuweisen.

Die BaFin sagt in ihrem Emittentenleitfaden hierzu, dass die Voraussetzung der Vertraulichkeit dann nicht mehr erfüllt ist, wenn der Emittent Grund zu der Annahme hat, dass die Gerüchte oder das Bekanntwerden der Details auf eine Vertraulichkeitslücke in seinem Herrschaftsbereich zurückzuführen sind.

Handelt es sich um Gerüchte, deren Auftreten nicht auf einer der Gesellschaft zurechenbaren Vertraulichkeitslücke basieren, besteht für den Emittenten weiterhin die Möglichkeit, den Aufschub der Veröffentlichung fortzusetzen. Das Kriterium der Gewährleistung der Vertraulichkeit ist in diesem Fall noch nicht entfallen. Wie bereits oben erwähnt, dürfte es jedoch erhebliche Probleme bereiten, im

Nachhinein den Nachweis zu erbringen, wo die undichte Stelle war. Insofern ist bei Auftauchen von Gerüchten grundsätzlich eine sofortige Mitteilung des Sachverhalts an den Kapitalmarkt empfehlenswert.

Fällt eine der Voraussetzungen weg, muss die Veröffentlichung unverzüglich nach § 15 III S. 1WpHG nachgeholt werden. Bei Nachholung der Meldung hat der Emittent der BaFin die Selbstbefreiung einschließlich ihrer Gründe und den Zeitpunkt der Entscheidung über den Aufschub mitzuteilen.

In der Praxis kommt es vor, dass die BaFin nach der Veröffentlichung von Ad-hoc-Mitteilungen Fragen an die Gesellschaft richtet, um die Rechtzeitigkeit der Veröffentlichung zu prüfen. Dabei wird auch die Rechtmäßigkeit der Selbstbefreiung, falls davon Gebrauch gemacht wurde, überprüft. Es empfiehlt sich daher, dass der Vorstand seine Entscheidungen über die Veröffentlichung einer Ad-hoc-Mitteilung und insbesondere das Gebrauchmachen von der Selbstbefreiung ausführlich dokumentiert.

Mehrstufige Entscheidungsprozesse

Im Gegensatz zur früheren Auslegung der Vorschriften des WpHG kommt es bei mehrstufigen Entscheidungsprozessen, also solchen, bei denen neben dem Vorstand weitere Gremien wie der Aufsichtsrat entscheiden müssen, nicht mehr auf das Vorliegen der erforderlichen Entscheidungen aller Gremien an.

Die Meldepflicht kann vielmehr bereits dann bestehen, wenn aus Sicht des Vorstands eine ausreichende Wahrscheinlichkeit für den Eintritt des Sachverhalts gegeben ist, auch wenn die endgültige Entscheidung des Aufsichtsrates dazu noch fehlt.

Wann ist also der richtige Zeitpunkt für eine Meldung, wenn sich noch der Aufsichtsrat z.B. im Rahmen der zustimmungsbedürftigen Geschäfte mit einem Sachverhalt zu befassen hat? Und welche Auffassung soll ein Anleger von der Rolle des Aufsichtsrates in Deutschland haben, wenn schon vor der Sitzung alles öffentlich zu machen wäre?

Eine generelle Schwächung der Position des Aufsichtsrates ist grundsätzlich nicht im Interesse der Anlegerschaft. Angesichts der dem Aufsichtsrat nach dem Aktienrecht zugewiesenen gesetzlichen Aufgaben zur Überwachung des Vorstands kann bei mehrstufigen Entscheidungsprozessen nach § 6 S. 2 Nr. 2 WpAIV ein berechtigtes Interesse am Aufschub einer Ad-hoc-Publizität vorliegen.

Sie können also in diesem Fall von der Selbstbefreiung Gebrauch machen. Dieses Verfahren wird von der BaFin toleriert. Die pauschale Begründung „Gremienvorbehalt" reicht allerdings für den Aufschub nicht. Zudem ist die Vertraulichkeit für diesen Zeitraum zu gewährleisten. Bei der Begründung ist darauf einzugehen, weshalb die frühe Veröffentlichung einen Geschäftsabschluss gefährdet hätte.

Erstellung von Ad-hoc-Mitteilungen

Für das Formulieren von Ad-hoc-Mitteilungen treffen im Grunde die gleichen Regeln wie für das Formulieren von Pressemitteilungen zu, jedoch sollten Ad-hoc-Mitteilungen lediglich den ad-hoc-pflichtigen Sachverhalt darstellen. Auf langwierige Prosa oder Unternehmensbeschreibungen wird dabei verzichtet.

Dies impliziert zugleich, dass Sie sich sprachlich in Zurückhaltung üben müssen. Werbliche Botschaften und Superlative haben in Ad-hoc-Mitteilungen nichts verloren. Halten Sie sich an die Fakten und verzichten Sie auch auf Stilmittel wie Zitate. Die wörtliche Rede bringt meist nur zum Ausdruck, was in einem nüchternen und faktenorientierten Satz schwer zu vermitteln ist.

Die Angemessenheit der Ad-hoc-Mitteilung wird durch die Bundesanstalt für Finanzdienstleistungsaufsicht streng überprüft. Die Veröffentlichung eines Unternehmensprofils im Rahmen einer Ad-hoc-Mitteilung wird dabei als missbräuchlicher Einsatz dieses Instruments erachtet.

Achten Sie daher bei der Formulierung der Mitteilung auch genauestens darauf, dass der Inhalt nicht Raum für Spekulationen oder Fehlinterpretationen bietet. Im schlimmsten Fall heizen Sie im Markt kursierende Gerüchte durch eine unpräzise Formulierung weiter an.

Bevor Sie also auf den Knopf drücken und die Mitteilung an den Markt senden, sollten Sie folgende Grundregeln und Fragestellungen beachten.

Checkliste zur Erstellung von Ad-hoc-Mitteilungen

✓ Ist die Sprache nüchtern und objektiv?

✓ Enthält die Mitteilung keine Superlative?

✓ Sind die Formulierungen präzise und bieten keinen Raum für Fehlinterpretationen?

✓ Steht der ad-hoc-pflichtige Sachverhalt im Vordergrund der Meldung?

✓ Ist der wesentliche Inhalt neu oder wurde an anderer Stelle bereits Ähnliches gemeldet?

✓ Enthält die Mitteilung einen Hinweis für den Anleger, warum dieser Sachverhalt so außerordentlich bedeutsam ist, dass er einer Ad-hoc-Mitteilung bedarf?

Sanktionen bei Pflichtverletzungen

Verstöße gegen § 15 WpHG stellen eine Ordnungswidrigkeit dar, die mit einem Bußgeld belegt werden kann.

Liegt eine Insiderinformation vor, die vorsätzlich nicht veröffentlicht wird, so droht ein saftiges Bußgeld von bis zu einer Million Euro. Außerdem kommen nach § 37b WpHG Schadensersatzansprüche durch geschädigte Anleger in Betracht.

Bei zu später Unterrichtung des Kapitalmarkts beträgt die Höhe des Bußgelds bis zu 50.000 Euro. Wie auch bei der unterlassenen Veröffentlichung sind Schadensersatzansprüche nach § 37b WpHG möglich. Die Rechtsfolgen der Veröffentlichung unwahrer Informationen regelt dagegen § 37c WpHG. Dabei kann es sich um positive oder negative Insiderinformationen handeln, die inhaltlich falsch oder unvollständig sind. Der Emittent ist in diesem Fall ebenso zu Schadensersatz verpflichtet.

§ 37b WpHG setzt voraus, dass der Emittent die unterlassene bzw. verspätete Veröffentlichung von Insiderinformationen zu verschulden hat. Dies gilt auch für die unwahre Veröffentlichung. Dabei ist die Haftung auf Vorsatz und grobe Fahrlässigkeit beschränkt.

Da der Emittent als juristische Person selbst nicht handlungsfähig ist, muss er sich das Verschulden seiner Organe zurechnen lassen. Die Beweislast, dass eine Handlung nicht vorsätzlich oder grob fahrlässig vorgenommen wurde, liegt beim Vorstand der Gesellschaft.

Der Schadensersatzanspruch verjährt in einem Jahr von dem Zeitpunkt an, zu dem ein Anleger von der Unterlassung oder der Unrichtigkeit Kenntnis erlangt. Darüber hinaus können sich strafrechtliche Folgen für die Organe der Gesellschaft, also für Vorstand und/oder Aufsichtsrat, ergeben.

Der Bundesgerichtshof hat mit der so genannten Infomatec-Entscheidung[6] im Jahr 2004 ein Zeichen gesetzt. Hier hatte die Gesellschaft ihre Anleger mit unrichtigen Ad-hoc-Mitteilungen bösartig getäuscht. Die vorsätzliche Veröffentlichung von falschen Mitteilungen ist verwerflich und damit sittenwidrig. In dieser Entscheidung haften die Vorstandsmitglieder nach § 826 BGB auf Schadensersatz.

In jedem der genannten Fälle ist auch die Börse berechtigt, die Zulassung der Wertpapiere des Emittenten zu widerrufen.

Gefährliche Felder stellen auch die der Insiderhandel und die unbefugte Weitergabe von Insiderinformationen dar. Beide Tatbestände sind gemäß § 14 WpHG ausdrücklich verboten. Ebenso stellt dieser Paragraf klar, dass auch die auf Insiderinformationen basierende Empfehlung eines Wertpapiers nicht erlaubt ist. Die Strafvorschriften sind in § 38 WpHG geregelt. Neben dem Verbot des Erwerbs oder der Veräußerung, dem Verbot der unbefugten Weitergabe und des Verleitungsverbotes ist auch der Versuch sowie der leichtfertige Erwerb oder die Veräußerung von Insiderpapieren strafbar. Das Strafmaß beläuft sich in diesen Fällen auf Freiheitsstrafen von bis zu fünf Jahren oder auf Geldstrafen.

3.2   Directors' Dealings

Wenn Führungspersonen mit Wertpapieren des eigenen Unternehmens handeln, löst dies ebenfalls eine Mitteilungspflicht aus. Diese Mitteilung ergibt sich aus § 15a des WpHG und wird Directors' Dealings Mitteilung genannt.

Zum Personenkreis mit Führungsaufgaben gehören Mitglieder eines Leitungs-, Verwaltungs- oder Aufsichtsorgans des Emittenten sowie sonstige Personen, die regelmäßig Zugang zu Insiderinformationen haben und zu wesentlichen unternehmerischen Entscheidungen ermächtigt sind. In der Regel trifft diese Definition bei börsennotierten Unternehmen auf Mitglieder des Vorstands und des Aufsichtsrats zu.

Schließlich werden zur Vermeidung von Umgehungsgeschäften auch Personen erfasst, die mit den Führungskräften in enger Beziehung stehen. Hierzu zählen deren Ehepartner, eingetragene Lebenspartner, unterhaltsberechtigte Kinder und andere Verwandte, die zum Zeitpunkt des Abschlusses des meldepflichtigen

---

6   Vgl. BGH-NJW 2004, 2664 (Infomatec I); BGH-NJW 2004, 2268 (Infomatec II); BGH-NJW 2004, 2971 (Infomatec III).

Geschäfts seit mindestens einem Jahr im selben Haushalt leben. Auch juristische Personen, Gesellschaften und Einrichtungen können meldepflichtig sein, wenn eine natürliche Person des oben genannten Kreises sie direkt oder indirekt kontrolliert, sie zu Gunsten einer solchen Person gegründet wurden oder deren wirtschaftliche Interessen weitgehend denen einer solchen Person entsprechen. Die Meldepflicht bezieht sich grundsätzlich auf die handelnde Person, also z.B. den Verwandten, nicht aber auf den Verpflichteten.

Erfasste Personen:

✓ Mitglieder des Vorstands

✓ Mitglieder des Aufsichtsrats

✓ Ehe- oder eingetragener Lebenspartner

✓ Unterhaltsberechtigte Kinder

✓ Andere Verwandte, die seit mindestens einem Jahr im gleichen Haushalt leben

Was ist der Sinn dieser Meldepflicht? Wenn Führungspersonen eines Unternehmens Aktien dieses Unternehmens erwerben oder veräußern, sollen die Anleger über solche Transaktionen informiert werden. Personen mit Führungsaufgaben haben gegenüber den anderen Anlegern meistens einen Wissensvorsprung hinsichtlich der wirtschaftlichen Verhältnisse des Unternehmens, so dass Transaktionen jener Personen die gegenwärtige oder zukünftige Entwicklung des Unternehmens indizieren können. Durch die Mitteilungspflicht nach § 15a WpHG sollen andere Anleger daher in die Lage versetzt werden, die Anlageentscheidung der Führungspersonen eines Unternehmens nachzubilden, was im Ergebnis eine Anlegergleichbehandlung bewirken soll. Außerdem soll die Regelung präventiv gegen Insiderhandel und Marktmanipulation wirken. [7]

Mitteilungspflichtig im Sinne des § 15a WpHG sind alle Geschäfte mit Aktien des Emittenten oder sich darauf beziehende Finanzinstrumente. Dabei sind alle Geschäfte mit Finanzinstrumenten gemeint, deren Preis überwiegend, das heißt mit mindestens 50 Prozent, von dem der Aktie abhängt. Nicht mitteilungspflichtig sind hingegen der Erwerb von Finanzinstrumenten aufgrund von Schenkungen und Erbschaft sowie die reine Verpfändung ohne Eigentumsübergang.

---

7 Erwägungsgrund Nr.26 der Marktmissbrauchs-Richtlinie 2003/6/EG; Erwägungsgrund Nr. 7 der Durchführungs-Richtlinie 2004/72/EG; Rundschreiben der BaFin v. 27.06.2002 zu den Mitteilungs- und Veröffentlichungspflichten gemäß § 15a WpHG, AZ – WA 22 – W 2310 – 12/2002.

In der Praxis stellt sich oft die Frage nach der Behandlung von Optionen. Hier ist zunächst zu prüfen, ob die Optionen gewährt oder käuflich erworben werden. Bei einem normalen käuflichen Erwerb ergeben sich keine Besonderheiten, die Transaktion ist in diesem Fall mitteilungspflichtig.

Bei Gewährung oder Erwerb von Optionen aufgrund eines Optionsprogramms, das Bestandteil einer arbeitsvertraglichen Vereinbarung oder der Vergütung ist, besteht hingegen zunächst keine Mitteilungspflicht. Diese wird erst durch den späteren Veräußerungsvorgang der aus dem Optionsprogramm resultierenden Aktien ausgelöst.

Es besteht ferner keine Mitteilungspflicht, so lange die so genannte Bagatellgrenze nicht überschritten wird. Allerdings ist diese mit 5.000 Euro pro Kalenderjahr (die Summe aller Transaktionen darf diesen Wert innerhalb eines Kalenderjahres nicht überschreiten) so gering, dass sie von untergeordneter Bedeutung ist. Sollten Sie ein oder mehrere Geschäfte unterhalb dieser Grenze nicht gemeldet haben, so sind bei Überschreiten der 5.000 Euro-Grenze alle Geschäfte nachzumelden.

Praxistipp

Sie dürften Ihre Schwierigkeiten haben, den großen Kreis der Meldepflichtigen ständig zu kontrollieren. Es empfiehlt sich daher dringend, jedes Geschäft unabhängig von seiner Größe zu melden. Die Bundesanstalt für Finanzdienstleistungsaufsicht akzeptiert diese Vorgehensweise.

Ein Mitteilungsformular für Geschäfte von Führungspersonen bietet die BaFin auf ihrer Website zum Download an. Dieses muss ausgefüllt und anschließend innerhalb von fünf Werktagen an die Gesellschaft sowie die BaFin übermittelt werden. Dabei beginnt die Frist ab dem Tag nach Abschluss des Geschäfts. In der Regel genügt die Übertragung per Telefax, auf Verlangen der BaFin ist jedoch die Mitteilung im Original auf dem Postweg nachzureichen.

Nach Erhalt hat die Gesellschaft die Mitteilung unverzüglich zu veröffentlichen. Sie dürfen aber vorab noch prüfen, ob der Mitteilende wirklich mitteilungspflichtig ist und ob die Mitteilung inhaltlich korrekt ist. Die Veröffentlichung muss ebenfalls an die BaFin und an das Unternehmensregister übermittelt werden. Sie muss außerdem für mindestens einen Monat auf der Homepage des Emittenten zu finden sein.

Sämtliche Directors' Dealings Veröffentlichungen sind Bestandteil des jährlichen Dokuments. Verstöße gegen die Regelungen stellen eine Ordnungswidrigkeit dar und können mit Bußgeldern von bis zu 100.000 Euro belegt werden.

Praxistipp

Nutzen Sie ein Ad-hoc-Dienstleistungsunternehmen. Diese bieten grundsätzlich auch die gesetzeskonforme Veröffentlichung von Directors' Dealings an. Die Übermittlung des Veröffentlichungsbelegs an die BaFin sowie die Einstellung beim Unternehmensregister erfolgt dann automatisch. Häufig werden auch Tools zur Internetintegration angeboten, so dass Sie sich auch um die Veröffentlichung auf Ihrer Website nicht mehr kümmern müssen.

3.3   Stimmrechtsmitteilungen

Wenn ein Aktionär Ihrer Gesellschaft durch Erwerb oder Veräußerung bestimmte Stimmrechtsschwellen erreicht, über- oder unterschreitet, ist er nach den §§ 21 ff WpHG zur Mitteilung an das Unternehmen und an die BaFin verpflichtet. Es genügt bereits die Kontrolle über die Stimmrechte; Eigentum an den dazugehörigen Wertpapieren ist keine Voraussetzung. Die Pflicht wird durch das Erreichen, Über- oder Unterschreiten der Stimmrechtsquoten von 3, 5, 10, 15, 20, 25, 30, 50 oder 75 Prozent ausgelöst. Die Mitteilung hat unverzüglich, spätestens innerhalb von vier Handelstagen zu erfolgen und muss mindestens folgenden **Inhalt** aufweisen:

✓ Überschrift „Stimmrechtsmitteilung"

✓ Name und Anschrift des Mitteilungspflichtigen

✓ Name und Anschrift des Emittenten

✓ Die Schwelle, die berührt wurde sowie die Angabe, ob die Schwelle über-, unterschritten oder erreicht wurde

✓ Datum des Überschreitens/Unterschreitens/Erreichens

✓ Höhe des Stimmrechtsanteils am Tag der Schwellenberührung

Die Mitteilung muss darüber hinaus Auskunft darüber geben, ob die Aktien durch den Mitteilenden direkt gehalten werden (§ 21 WpHG) oder ob ihm Stimmrechte Dritter zugerechnet werden (§ 22 WpHG).

Erhalten Sie als Emittent eine solche Mitteilung, muss diese nach § 26 WpHG unverzüglich, spätestens innerhalb von drei Kalendertagen veröffentlicht werden. Ebenso ist ein Veröffentlichungsbeleg an die BaFin zu übersenden und die Veröffentlichung muss beim Unternehmensregister eingestellt werden. Die Mitteilung an die BaFin muss darüber hinaus eine Liste der Medien enthalten, an die die Veröffentlichung gesendet wurde. Außerdem muss sie Auskunft über den Zeitpunkt der Versendung geben.

Praxistipp

Bei der Berechnung der Handelstage dürfen Feiertage in dem Bundesland, in dem der Emittent seinen Hauptsitz hat, sowie Feiertage an den Sitzen der BaFin (NRW und Hessen) berücksichtigt werden. Die BaFin veröffentlicht jährlich einen Kalender zur Berechnung der Handelstage. Dieser ist auf der Homepage der BaFin abrufbar:

www..bafin.de > Für Anbieter > Börsennotierte Unternehmen > Bedeutende Stimmrechtsanteile

---

Während bis Januar 2007 nämlich noch die Veröffentlichung durch eine Pflichtanzeige in einem überregionalen Börsenpflichtblatt genügte, muss sie nun elektronisch und europaweit erfolgen. Dies wurde durch die Konkretisierungsverordnung WpAIV geregelt.

Demnach muss auch bei der Zuleitung der Informationen an die Medien gewährleistet werden, dass die Information von Medien empfangen wird, zu denen auch solche gehören, die die Information so rasch und so zeitgleich wie möglich in allen Mitgliedstaaten der Europäischen Union und in den übrigen Vertragsstaaten des Abkommens über den Europäischen Wirtschaftsraum aktiv verbreiten können. Immerhin konnte sich der Gesetzgeber dazu durchringen, dass der Emittent keine Verantwortung für die Veröffentlichung der Information durch die Medien trägt, sofern er alles für den ordnungsgemäßen Empfang bei den Medien getan hat.

Wohl aber hat der **Emittent** eine Reihe anderer Kriterien, die sich aus § 3a WpAIV ergeben, sicherzustellen. Hierzu gehören im Einzelnen:

✓ Empfang der Informationen von den Medien

✓ Identifikationsmöglichkeit des Absenders

✓ Schutz gegen unbefugte Zugriffe und Veränderung

✓ Vertraulichkeit und Sicherheit der Übersendung

✓ Unverzügliche Behebbarkeit von Übertragungsfehlern

✓ Nachweispflicht gegenüber der BaFin für sechs Jahre

Die Veröffentlichung muss neben der Überschrift „Veröffentlichung gemäß § 26 WpHG" Namen und Anschrift des Emittenten, Tag und Uhrzeit der Übersendung an die Medien und den Zweck (europaweite Verbreitung) enthalten. Diese Informationen sind nicht Teil der Veröffentlichung selbst, sondern sollten beispielsweise auf einem Deckblatt platziert werden.

Praxistipp

Auch auf die Stimmrechtsmitteilungen haben sich die Ad-hoc-Dienstleistungsunternehmen inzwischen eingestellt. Wenn Sie Ihre Mitteilung über einen solchen Dienstleister veröffentlichen, brauchen Sie sich um die Auswahl der richtigen Medien, die Einstellung beim Unternehmensregister und die Form der Mitteilung keine Gedanken zu machen.

3.4   Jährliches Dokument

Seit dem 1. Juli 2005 findet sich im Wertpapierprospektgesetz (WpPG) etwas versteckt ein Paragraf, der den Emittenten inländischer Wertpapiere weitergehende Informationspflichten auferlegt und anfangs nur wenig Beachtung gefunden hat. Im Prinzip handelt es sich um eine umfassende Zusammenfassung von Pflichtveröffentlichungen des vergangenen Geschäftsjahres.

Die BaFin verfährt mit § 10 WpPG verhältnismäßig pragmatisch und duldet eine umfassende Verweisungstechnik. Es genügt also, im jährlichen Dokument anzugeben, wo die Veröffentlichungen zu finden sind. Obwohl sich die Regelung im WpPG befindet, gilt sie nicht nur für Emittenten, die einen Prospekt nach den seit dem 1. Juli 2005 geltenden Vorschriften des WpPG veröffentlicht haben, sondern für alle Emittenten, deren Wertpapiere zum Handel an einem organisierten Markt zugelassen sind.

Das **jährliche Dokument** soll im Einzelnen folgende Informationen enthalten bzw. es soll auf folgende Informationen verwiesen werden, soweit der Emittent hierzu entsprechende Veröffentlichungen vorgenommen hat:

✓ § 15 WpHG – Ad-hoc-Mitteilungen

✓ § 15a WpHG – Director's Dealings Mitteilungen

✓ § 25 oder § 26 WpHG – Stimmrechtsmitteilungen

✓ Einzelabschluss, Lagebericht, Konzernabschluss und Konzernlagebericht (in der Regel zumindest teilweise Bestandteile des Geschäftsberichts)

✓ Zwischenberichte

✓ Einberufung der Hauptversammlung

✓ Mitteilungen über die Ausschüttung und Auszahlung von Dividenden

✓ Mitteilungen über die Ausgabe neuer Aktien

✓ Mitteilungen über die Ausübung von Umtausch-, Bezugs- und Zeichnungsrechten

✓ Mitteilungen über beabsichtigte Änderungen seiner Satzung

✓ Jede Änderung der mit den Wertpapieren verbundenen Rechte

Maßgeblich ist nicht, auf welchen Zeitraum sich die Angaben beziehen, sondern zu welchem Zeitpunkt sie veröffentlicht wurden. So enthält das jährliche Dokument 2007 beispielsweise auch den Geschäftsbericht 2006, da dieser im Jahr 2007 veröffentlicht wurde. Das jährliche Dokument ist in einem Zeitraum von 20 Arbeitstagen nach der Offenlegung des Jahresabschlusses zu veröffentlichen. Die Veröffentlichung von vorläufigen Zahlen des Jahresabschlusses ist in diesem Zusammenhang unschädlich, es zählt lediglich die Veröffentlichung der endgültigen Zahlen. Das Dokument ist außerdem bei der BaFin zu hinterlegen. Als Arbeitstage gelten die Tage Montag bis Freitag, nicht jedoch der Samstag. Feiertage am Sitz des Emittenten dürfen berücksichtigt werden, ebenso Feiertage an den Sitzen der BaFin (NRW und Hessen). Zur Hinterlegung bei der BaFin genügt die Übermittlung des Ausdrucks der Internetseite, auf der das jährliche Dokument veröffentlicht wurde, an das BaFin-Referat WA 22. Das jährliche Dokument muss nicht unterschrieben werden. Es ist ferner nicht erforderlich, dass auch die Informationen, auf die verwiesen wird, der BaFin übermittelt werden.

Das jährliche Dokument ist auf der Internetseite des Emittenten mindestens solange zur Verfügung zu stellen, bis das nächste jährliche Dokument veröffentlicht wird. Das jährliche Dokument selbst ist in deutscher Sprache zu erstellen. Sollten Informationen, die in dem jährlichen Dokument enthalten sind, ursprünglich in einer anderen Sprache veröffentlicht worden sein, so müssen diese nicht übersetzt werden.

Praxistipp

Sofern Sie auf den Ort der Information verweisen, müssen Sie sicherstellen, dass die Hyperlinks zu jeder Zeit erreichbar sind. Möchten Sie sicherstellen, dass Sie während des gesamten Zeitraums die Verpflichtung aus § 10 WpPG erfüllen, auch wenn etwa einzelne Links oder Pfade nicht funktionieren sollten, können Sie im Dokument darauf hinweisen, dass in diesem Fall die in dem jährlichen Dokument genannten Informationen kostenfrei bei Ihnen bezogen werden können.

Beispiel:
„Für den Fall, dass ein hier angegebener Internetlink oder ein hier angegebener Pfad nicht verfügbar oder funktionsfähig sein sollte, halten wir die Information in gedruckter Form zur kostenlosen Ausgabe für Sie bereit."

Darüber hinaus empfiehlt sich am Ende des Dokuments ein Hinweis darauf, dass Informationen eventuell nicht mehr aktuell sind.

3.5   Insiderverzeichnis

Die Pflicht zur Führung eines Insiderverzeichnisses ergibt sich aus § 15b des WpHG. Der im Oktober 2004 in das Wertpapierhandelsgesetz aufgenommene Abschnitt über das Insiderverzeichnis verpflichtet börsennotierte Unternehmen, persönliche Daten potenzieller Insider des Unternehmens vorzuhalten. Darüber hinaus müssen die Daten laufend aktualisiert werden und bei Anfragen von Behörden jederzeit verfügbar sein. Das Verzeichnis enthält eine Übersicht über alle Personen, die bestimmungsgemäß Zugang zu Insiderinformationen haben. Das können beispielsweise neben bestimmten Mitarbeitern auch Rechtsanwälte oder der Steuerberater des Unternehmens sein. Auch Dritte, die im Namen oder auf Rechnung des Emittenten handeln, sind zur Führung eines Insiderverzeichnisses verpflichtet.

Ausgenommen von der Verpflichtung, ein Insiderverzeichnis zu führen, sind die in § 323 Abs. 1 Satz 1 HGB genannten Personen, also der Abschlussprüfer, seine Gehilfen und die bei der Prüfung mitwirkenden gesetzlichen Vertreter einer Prüfungsgesellschaft. Dieser Personenkreis ist jedoch nur dann von der Verzeichnisführungspflicht befreit, wenn eine Beauftragung erfolgt, um einer gesetzlich vorgesehenen Prüfung nachzukommen. Sofern der Wirtschaftprüfer z.B. beratend tätig wird, ist auch er verpflichtet, ein eigenes Insiderverzeichnis zu führen. Für das Insiderverzeichnis des Emittenten genügt es, wenn Sie Firmenname und Ansprechpartner aufnehmen.

Das Insiderverzeichnis hat vor allem präventiven Charakter. Die auf der Liste verzeichneten Personen sind über die allgemeinen betrieblichen Verschwiegenheitspflichten hinaus besonders zu belehren und auf die Folgen eines Verstoßes hinzuweisen, so dass sie für den vorsichtigen Umgang mit Insiderinformationen sensibilisiert werden. Die BaFin kann jederzeit die Übermittlung des Insiderverzeichnisses verlangen; eines konkreten Verdachtsfalles bedarf es hierzu nicht.

Nach dem Wortlaut des Gesetzes sind in das Insiderverzeichnis alle Personen aufzunehmen, die „für den Emittenten oder die im Auftrag oder für Rechnung des Emittenten handelnden Personen tätig sind und bestimmungsgemäß Zugang zu Insiderinformationen haben". Was heißt das konkret? Zunächst ist es unerheblich, ob jemand tatsächlich über Insiderinformationen verfügt oder nicht. Es genügt, dass die Person aufgrund ihrer Aufgabe Zugang zu Informationen haben könnte. Wichtig ist das Wort „bestimmungsgemäß". Der IT-Mitarbeiter beispielsweise könnte sich jederzeit Zugang zu Insiderinformationen verschaffen, indem er regelmäßig den E-Mail-Verkehr des Vorstands mitverfolgt. Dies ist aber sicher nicht Teil seines Aufgabenprofils und somit nicht bestimmungsgemäß. Er ist insofern nicht zwingend in das Verzeichnis aufzunehmen.

Für den Aufbau des Insiderverzeichnisses gibt das Gesetz keine abschließenden Vorgaben. So kann der Emittent frei wählen, ob er eine projektbezogene oder eine funktionsbezogene Gliederung bevorzugt.

Beispiel

Ihr Unternehmen verhandelt einen Großauftrag, der in der aktuellen Geschäftsplanung bislang nicht berücksichtigt ist. Der Verhandlungsstatus ist noch nicht sehr weit fortgeschritten, so dass die Realisierungswahrscheinlichkeit unterhalb von 50 Prozent liegt. Damit ist zum jetzigen Zeitpunkt zwar noch keine Ad-hoc-Pflicht entstanden, dennoch ist absehbar, dass hier eine Insiderinformation entstehen kann. Das Insiderverzeichnis ist also bei projektbezogener Führung nun um diesen Auftrag zu ergänzen. Sämtliche Personen, die in den Sachverhalt eingeweiht sind, wie z.B. Vorstand, Vertriebsmitarbeiter, Einkäufer, Rechtsberater, sind in das Insiderverzeichnis aufzunehmen.

Das Verzeichnis kann wie bereits erwähnt alternativ auch nach Funktionsbereichen aufgebaut werden, in denen Insiderinformationen üblicherweise vorkommen. Bei einem Aufbau nach verschiedenen Funktionsbereichen brauchen Sie die Insiderinformation nicht zu benennen. Typische Bereiche sind Vorstand, Aufsichtsrat, Rechtsabteilung, Controlling, Finanz- und Rechnungswesen, Presse- und Öffentlichkeitsarbeit, Investor Relations sowie die Compliance-Abteilung.

Praxistipp

Bei Veränderungen (z.B. Unternehmensaustritt) ist das Verzeichnis unverzüglich zu aktualisieren. Da für die Verzeichnisse eine sechsjährige Aufbewahrungsfrist gilt, genügt es nicht, die aktualisierte Datei einfach zu überschreiben. Entweder sollten Sie die Datei unter einem neuen Namen speichern – dabei empfiehlt sich ein Datumszusatz in der Form JJJJ-MM-TT-Dateiname – oder Sie bewahren die Unterlagen in Papierform auf. Der Datumszusatz hilft Ihnen, den Überblick zu bewahren, und sorgt dafür, dass die Dateien chronologisch sortiert werden.

Unabhängig von seiner Form sind in das Verzeichnis **folgende Daten** aufzunehmen:

- ✓ Überschrift Insiderverzeichnis

- ✓ Datum der Erstellung des Verzeichnisses sowie das Datum der letzten Aktualisierung

- ✓ Der Name dessen, der zur Führung des Verzeichnisses verpflichtet ist, sowie gegebenenfalls der Name dessen, der das Verzeichnis in seinem Auftrag führt

- ✓ Vor- und Familienname, Geburtstag und -ort sowie die Privat- und Geschäftsanschrift

- ✓ Grund für die Erfassung dieser Person im Verzeichnis

- ✓ Datum, seitdem die jeweilige Person Zugang zu Insiderinformationen hat, und gegebenenfalls das Datum, seitdem der Zugang nicht mehr besteht

Die im Verzeichnis geführten Personen sind über die Rechtsfolgen von Insiderverstößen aufzuklären. Das Gesetz verlangt zwar keine Bestätigung oder Protokollierung dieser Aufklärung, aus praktischen Gründen ist jedoch dringend dazu zu raten. Dies kann beispielsweise in Form eines Briefes erfolgen, den die Person gegengezeichnet zurücksendet.

Wie ein derartiger Brief formuliert sein könnte, lesen Sie auf der folgenden Seite.

Es empfiehlt sich, auf dem Merkblatt den Gesetzeswortlaut der Paragrafen des WpHG aufzunehmen, die für das Thema relevant sind. Dazu gehören § 12 (Insiderpapiere), § 13 (Insiderinformation), § 14 (Verbot von Insidergeschäften) und § 38 (Strafvorschriften) und § 39 (Bußgeldvorschriften).

Aufklärung über die Rechtsfolgen von Insiderverstößen

Herrn

Max Muster

- im Hause -

Erfassung Ihrer Person in das Insiderverzeichnis – Aufklärung nach § 15b Abs. 1 Satz 3 Wertpapierhandelsgesetz (WpHG)

Sehr geehrter Herr Muster,

als börsennotiertes Unternehmen sind wir gemäß § 15b WpHG verpflichtet, ein Insiderverzeichnis zu führen. Ein solches Verzeichnis erfasst alle Personen, die für uns tätig sind und bestimmungsgemäß Zugang zu Insiderinformationen haben.

Wir möchten Sie darauf hinweisen, dass wir Sie aufgrund Ihres Tätigkeitsprofils in dieses Verzeichnis aufgenommen haben.

Das beigefügte Merkblatt enthält Informationen über die relevanten gesetzlichen Definitionen und über die rechtlichen Pflichten, die sich aus dem Zugang zu Insiderinformationen ergeben, sowie über die Rechtsfolgen von Verstößen.

Wir bitten Sie, sich die nachfolgenden Normen des WpHG sorgfältig durchzulesen und uns die Kenntnisnahme auf dem beigefügten zweiten Exemplar zu bestätigen.

Sollten Sie Fragen haben, wenden Sie sich bitte an unsere Personalabteilung.

Mit freundlichen Grüßen

Vorbezeichnetes Schreiben erhalten und zur Kenntnis genommen

_____

(Ort, Datum)

_____

(Unterschrift)

4. Unternehmensphasen und ihre Besonderheiten

Je nach Unternehmenssituation kommt der Investor Relations Arbeit mehr oder weniger Bedeutung zu. Eine aktuelle Befragung von Finanzanalysten durch die Forschungsgruppe Finanzkommunikation der European Business School kommt zu dem Ergebnis, dass die Aufmerksamkeit in der Phase des Börsengangs (IPO), in der Übernahme und in der Krise besonders hoch ist.[8] Abbildung 2 verdeutlicht diesen Sachverhalt.

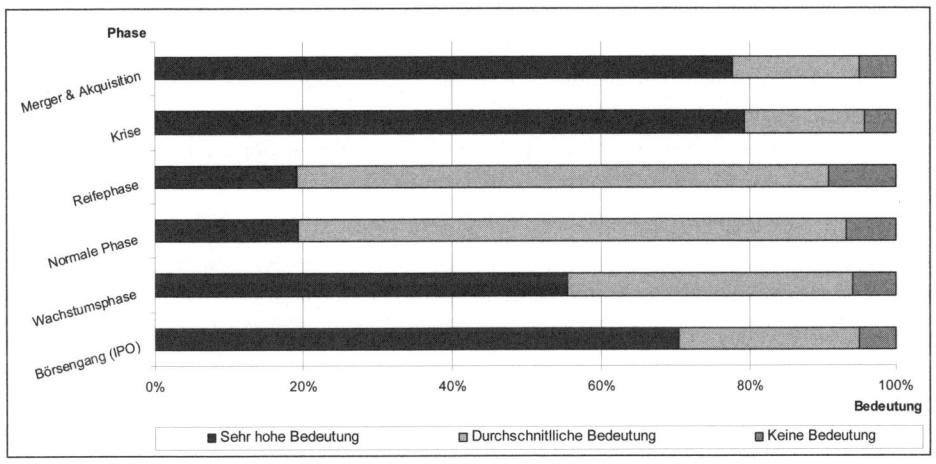

Quelle: *European Business School, „Durch Finanzanalysten wahrgenom-*
              mene Qualität der Investor Relations Deutscher Unternehmen",
              Juli 2007

Abbildung 2: *Bedeutung der Investor Relations Aktivitäten in Abhängigkeit zur*
              Unternehmenssituation

---

8   Vgl. Working Paper No. 4-2006, European Business School, Forschungsgruppe Finanz-
    kommunikation, „Durch Finanzanalysten wahrgenommene Qualität der Investor Relati-
    ons Deutscher Unternehmen", Juli 2007, S. 18.

Gleichzeitig kommt die Untersuchung zu dem Ergebnis, dass die Zufriedenheit der Finanzanalysten mit der Investor Relations insbesondere in den Phasen Übernahme und Krise deutlich abnimmt. Vor diesem Hintergrund werden in diesem Teil des Buches die besonderen Unternehmensphasen vorgestellt und die aus Investor Relations Sicht wichtigen Themen näher erörtert.

4.1   Der Börsengang

Der Prozess des Börsengangs beginnt lange vor dem ersten Handelstag. Von der Entscheidung bis zur Umsetzung vergeht schnell ein halbes Jahr und mehr. In dieser Zeit warten eine Reihe neuer Aufgaben und Herausforderungen auf Sie. Bevor die Entscheidung für einen Börsengang getroffen wird, sollten aber auch Alternativen wie Fremdfinanzierung, Anleihen usw. geprüft werden.

Nicht unterschätzen sollten Sie vor allem die Kosten, die im Zusammenhang mit einem Börsengang entstehen. Je nach Art und Größe des Börsengangs betragen diese schnell fünf bis zehn Prozent des Emissionsvolumens.

Den mit Abstand größten Block stellen die Provisionen für begleitende Banken dar, die etwa drei bis sechs Prozent des Emissionsvolumens ausmachen. Der genaue Anteil hängt einerseits vom Leistungsumfang, andererseits von der absoluten Größe der Emission ab. Als Faustregel gilt: Je höher das Emissionsvolumen, desto geringer ist der relative Anteil der Bankenprovisionen.

Weitere ein bis drei Prozent des Emissionsvolumens sollten Sie für Beraterhonorare von Rechtsanwälten, Steuerberatern, Wirtschaftsprüfern und Emissionsberatern kalkulieren. Etwa ein Prozent entfällt auf Öffentlichkeitsarbeit im Zusammenhang mit der Erstnotiz, Zulassungsgebühren usw.

Auch nach dem Börsengang entstehen durch Publizitätspflichten, die Pflicht zur Durchführung einer ordentlichen Hauptversammlung und weitere Investor Relations Maßnahmen eine Reihe jährlich wiederkehrender Kosten.

Im Vergleich zur Fremdkapitalaufnahme erscheint ein Börsengang insofern eher teuer. Bedenken Sie aber dabei, dass es sich bei vielen Kostenblöcken um Einmalkosten handelt und vor allem, dass es sich bei den im Rahmen des Börsengangs eingeworbenen Mitteln nicht um Fremd-, sondern um Eigenkapital handelt und Ihre Aktionäre das unternehmerische Risiko mittragen. Immerhin hat aber eine Befragung des Deutschen Aktieninstituts (DAI) ergeben, dass 92 Prozent der Unternehmen, die in den Jahren 2005 und 2006 einen Börsengang gewagt haben, noch immer mit dieser Entscheidung zufrieden sind und sie wieder treffen würden.[9]

Sind Sie nach Abwägung aller Möglichkeiten zu dem Entschluss gekommen, dass die Notierungsaufnahme für Ihr Unternehmen eine geeignete Finanzierungsoption darstellt, beginnt das Projekt mit der Auswahl der richtigen Berater, die zunächst feststellen, ob Sie bereits börsenreif sind und sich Ihre Aktien „vermarkten" lassen. Üblicherweise übernimmt diese Aufgabe eine IPO-Beratungsagentur (IPO = Initial Public Offering = Börsengang) oder eine Corporate Finance Beratung. Die Zahl derartiger Unternehmen ist hoch, so dass die Auswahl nicht leichtfällt. Vielleicht haben Sie ja bereits eine mündliche Empfehlung aus Ihrem geschäftlichen Netzwerk erhalten. Alternativ können Sie sich bei der Deutschen Börse nach geeigneten Beratern erkundigen.

Das von Ihnen ausgewählte Beratungsunternehmen wird Ihnen bei der weiteren Vorbereitung des Börsengangs behilflich sein. Zum Leistungsumfang zählen je nach Bedarf auch die Unterstützung bei der Auswahl geeigneter Banken, eine Unternehmensbewertung, die Erstellung eines Prospekts und die Beantragung der Börsenzulassung der neuen Aktien. Die Banken, die den Börsengang begleiten, übernehmen in der Regel die Platzierung der neuen Aktien und die Organisation von Investorenbesuchen. Viele Banken können Ihnen auch das gesamte Leistungsspektrum aus einer Hand bieten.

Bereits in der Planungs- und Vorbereitungsphase werden die Grundzüge des Emissionskonzepts festgelegt. Darüber hinaus wird festgelegt, welche Maßnahmen im Vorfeld zu treffen sind, damit der Börsengang erfolgreich ist. Eventuell müssen zunächst Umstrukturierungen oder gesellschaftsrechtliche Umwandlungen erfolgen.

Bei der Börsenreife spielen eine Reihe unterschiedlichster Faktoren eine Rolle. Es gibt aber auch einige Fragen, die Sie sich selbst vorab beantworten können. Wenn Sie möglichst viele Fragen der folgenden Zehn-Punkte-Checkliste mit „Ja" beantworten können, verfügt Ihr Unternehmen höchstwahrscheinlich über die Grundvoraussetzungen für einen erfolgreichen Börsengang.

Checkliste Börsenreife

✓ Verfügt das Unternehmen bereits über eine geeignete Rechtsform?

✓ Sind Sie bereit, Mitspracherechte Dritter zu akzeptieren?

---

9 Vgl. DAI, „Erfahrungen von Neuemittenten am deutschen Aktienmarkt 2005 und 2006", Juli 2007, S. 32.

✓ Ist Ihr Unternehmen in seinem Sektor etabliert oder verfügt es über über-
   durchschnittliche Perspektiven?

✓ Ist Ihr Unternehmen besonders innovativ oder verfügt es über besondere Alleinstellungsmerkmale?

✓ Erwirtschaftet Ihr Unternehmen ein überdurchschnittliches Wachstum?

✓ Sind bereits nachhaltig positive Erträge vorzuweisen oder glaubwürdig zu
   erwarten?

✓ Ist Ihr Finanzwesen in der Lage, nach internationalen Standards wie IFRS
   oder US-GAAP zu bilanzieren?

✓ Können Geschäftszahlen zeitnah erstellt und publiziert werden?

✓ Verfügt Ihr Unternehmen über ein qualifiziertes und erfahrenes Management-
   team?

✓ Existiert ein konkreter Plan für die Verwendung der durch den Börsengang
   eingeworbenen Mittel?

Sind alle Voraussetzungen für einen Börsengang erfüllt, wird entweder von den
Banken, Rechtsanwälten oder Beratern eine so genannte Due Diligence Prüfung
eingeleitet. Häufig übernimmt dies auch ein Team mit Mitgliedern aus allen
beteiligten Parteien. Diese Prüfung dient der Ermittlung der wirtschaftlichen
Verhältnisse und der rechtlichen Risikostruktur des Unternehmens und ist
zugleich Grundlage für die Erstellung eines Prospekts. Im Prospekt werden neben den Risiken auch die Unternehmensentwicklung und die Jahresabschlüsse
der letzten drei Jahre, die Zukunftsaussichten und sonstige für die Anlage entscheidende Umstände dargestellt. Nach Fertigstellung des Prospekts werden
meist durch die Banken bzw. durch Analysten erste Unternehmensbewertungen
durchgeführt, die anschließend mit den Vorstellungen der jetzigen Gesellschafter
abgeglichen werden.

Das eigentliche Zulassungsverfahren beginnt etwa zwei bis drei Monate vor dem
Börsengang. Die Deutsche Börse überprüft dabei lediglich, ob die rechtlichen
Voraussetzungen erfüllt sind, nicht aber ob sich die Aktie vermarkten lässt.

Bereits ab dem Tag der Antragsstellung unterwirft sich Ihr Unternehmen wie
eine bereits börsennotierte Gesellschaft der Pflicht, den Kapitalmarkt durch Ad-
hoc-Mitteilungen und Directors' Dealings zu informieren. Hier kommen meist
neue Herausforderungen auf die Unternehmensleitung und die Presseabteilung
zu, denn in dieser Phase verfügen die meisten Unternehmen noch nicht über eine
darauf spezialisierte Investor Relations Abteilung. Viele Firmen unterschätzen
den Aufwand, der im Zusammenhang mit der Investor Relations Arbeit steht.

Dies geht aus einer kürzlich veröffentlichten Studie des DAI hervor.[10] Demnach hätten rund 27 Prozent der für die Untersuchung Befragten den Aufwand geringer eingeschätzt.

Eine weitere wichtige Aufgabe der Presseabteilung im Vorfeld des Börsengangs ist die Erhöhung des Bekanntheitsgrades. Dabei sollte weniger eine werbliche Darstellung im Vordergrund stehen. Insbesondere bei der späteren direkten Ansprache potenzieller Investoren ist die präzise Darstellung der Tätigkeitsbereiche und ausgewählter Leistungskennzahlen von enormer Bedeutung. Die Präsentation des Unternehmens bei potenziellen, institutionellen Investoren (Roadshows) übernimmt der Vorstand. Sie soll den späteren Anlegern einen Einblick in das Unternehmen und seine Zukunftsaussichten gewähren und ihnen die Möglichkeit bieten, sich ein Bild vom Management zu verschaffen.

Praxistipp

Versetzen Sie sich am besten einmal in die Lage eines Fondsmanagers. In unzähligen Terminen werden ihm neue Unternehmen vorgestellt und jedes möchte immer das aussichtsreichste seiner Art sein. Je mehr Argumente Sie ihm mit an die Hand geben können, um ihn davon zu überzeugen, dass dies bei Ihnen wirklich der Fall ist, desto größer ist die Chance, dass er sich auch intensiv mit Ihnen beschäftigen wird.

Vor Ihrer ersten Investoren Roadshow sollten Sie daher eine Präsentation anfertigen, die neben der Darstellung Ihrer Tätigkeitsbereiche, Produkte und Leistungskennzahlen auch Aussagen über Markt und Wettbewerb liefert. Stellen Sie besonders die Bereiche hervor, in denen Sie besser sind als Ihre Konkurrenz. Hilfreich ist auch, wenn Sie Ihren indikativen Unternehmenswert herleiten und diesen auch mit ähnlichen, bereits börsennotierten Unternehmen vergleichen. Unentbehrlich ist auch ein Hinweis auf die Mittelverwendung. Schließlich möchte Ihr neuer Miteigentümer wissen, wofür Sie sein Geld verwenden.

Abschließend werden die Preisvorstellungen des Unternehmens mit denen interessierter Investoren in Einklang gebracht. In der Regel wird eine Preisspanne festgelegt, innerhalb derer die neuen Aktien gezeichnet werden können (die so genannte Bookbuilding-Spanne). Während der Zeichnungsphase nehmen die begleitenden Banken Kaufaufträge entgegen und übernehmen zum Ende die Zuteilung. Dann startet der Handel der neuen Aktien an der Börse.

---

[10] Vgl. DAI, „Erfahrungen von Neuemittenten am deutschen Aktienmarkt 2005 und 2006", Juli 2007, S. 24.

4.2   Kapitalmaßnahmen

Der kumulierte Wert aller ausgegebenen Aktien wird als Grundkapital der Gesellschaft bezeichnet. Er setzt sich aus den Nennwerten der Stamm- und gegebenenfalls der Vorzugsaktien zusammen. Der Nennwert je Aktie muss nach § 8 AktG mindestens 1,00 Euro je Aktie und das Grundkapital einer Aktiengesellschaft nach § 7 AktG mindestens 50.0000 Euro betragen. In der Bilanz eines Unternehmens ist das Grundkapital als „gezeichnetes Kapital" erfasst und unterhalb des Eigenkapitals zu finden. Durch Kapitalerhöhungen oder Kapitalherabsetzungen kann das Grundkapital den aktienrechtlichen Vorschriften entsprechend verändert werden.

Kapitalherabsetzung

Mit einer Kapitalherabsetzung ist es möglich, einen bestehenden Bilanzverlust zu beseitigen oder überflüssiges Kapital an die Anteilseigner zu verteilen. Im ersten Fall spricht man auch von einer nominellen Kapitalherabsetzung, weil das Grundkapital buchmäßig herabgesetzt wird und kein Abfluss liquider Mittel stattfindet. Der zweite Fall wird als effektive Kapitalherabsetzung bezeichnet, weil er mit der Ausschüttung liquider Mittel an Aktionäre verbunden ist.

Herabsetzungen des Grundkapitals ermöglichen also entweder eine Verbesserung der Bilanzoptik oder eine Ausschüttung der nicht benötigten Kapitalbeträge an die Aktionäre. Sie können durch Herabsetzung der Aktiennennbeträge erfolgen oder durch Zusammenlegung von Aktien. Der dadurch nominell freiwerdende Teil des Grundkapitals kann an die Gesellschafter ausgeschüttet werden oder zu Saldierungen mit den in der Bilanz ausgewiesenen Verlusten dienen.

Häufig dient eine Kapitalherabsetzung der Sanierung des Unternehmens und ist in diesem Fall verbunden mit einer anschließenden Erhöhung des Grundkapitals gegen Einlagen, damit neue Investoren nach Ausgleich von Verlusten frisches Geld in die Gesellschaft einbringen können.

Die ordentliche Kapitalherabsetzung ist in §§ 222 – 228 AktG geregelt. Für ihre Durchführung sind folgende **Voraussetzungen** notwendig:

✓ Die Herabsetzung muss durch Senkung des Nennbetrages der Aktien erfolgen, sofern der Mindestnennbetrag von 1,00 Euro nicht unterschritten wird.

✓ Die Kapitalherabsetzung muss mindestens mit einer Dreiviertelmehrheit der Hauptversammlung beschlossen werden.

✓ In dem Beschluss muss der Zweck der Kapitalherabsetzung erläutert werden.

✓ Der Beschluss muss in das Handelsregister eingetragen werden.

Eine Kapitalherabsetzung, die Sanierungszwecken dienen soll, beispielsweise um Verluste auszugleichen, kann auch in vereinfachter Form entsprechend den Vorschriften der §§ 229 – 236 AktG durchgeführt werden. Diese setzt voraus, dass kein Gewinnvortrag vorhanden ist und Gewinnrücklagen vollständig aufgelöst wurden.

Die Vereinfachung dieser Art der Kapitalherabsetzung ergibt sich daraus, dass im Gegensatz zur ordentlichen Kapitalherabsetzung kein Gläubigerschutz besteht. Der Ablauf der vereinfachten Kapitalherabsetzung entspricht im Wesentlichen dem der ordentlichen. Nach Auflösung von etwaigen Rücklagen und Gewinnvorträgen muss ein Hauptversammlungsbeschluss herbeigeführt werden (Dreiviertelmehrheit). Dieser Beschluss ist vom Vorstand und dem Vorsitzenden des Aufsichtsrats beim Handelsregister anzumelden. Nach Eintragung ist das Grundkapital wirksam abgesetzt und das Registergericht macht die Eintragung bekannt.

Aufgrund ihrer Funktion als Sanierungsinstrument ist die vereinfachte Kapitalerhöhung in der Praxis häufig mit einer anschließenden Kapitalerhöhung verbunden. Diese Kombination wird als Kapitalschnitt bezeichnet.

Kapitalerhöhung

Kommen wir zur Erhöhung des Grundkapitals. Eine Kapitalerhöhung dient der Zuführung von Werten. Eine Kapitalerhöhung wird meistens ähnlich wie ein Börsengang von einer Emissionsbank begleitet. Je nach Volumen und Ausgestaltung der Kapitalerhöhung entsteht auch die Pflicht zur Anfertigung eines Prospekts im Sinne des WpPG. In diesem Fall ist die Unterstützung durch ein Team von Bankern, Rechtsanwälten und gegebenenfalls weiteren Beratern unerlässlich.

Zunächst wollen wir uns mit den unterschiedlichen Gestaltungsvarianten, die das Gesetz bietet, beschäftigen.

Folgende **Formen der Kapitalerhöhung** werden unterschieden:

✓ Ordentliche Kapitalerhöhung nach § 182 AktG

✓ Kapitalerhöhung mit Sacheinlagen nach § 183 AktG

✓ Bedingte Kapitalerhöhung nach § 192 AktG

✓ Kapitalerhöhung aus genehmigtem Kapital nach §§ 202 – 207 AktG

Die Kapitalerhöhung aus genehmigtem Kapital kann entweder gegen Einlagen oder mit Sacheinlagen erfolgen, sofern der Hauptversammlungsbeschluss die Gesellschaft entsprechend bemächtigt. Darüber hinaus gibt es die Möglichkeit der Kapitalerhöhung aus Gesellschaftsmitteln durch Umwandlung von Rücklagen, auf die aber im Folgenden nicht näher eingegangen wird.

Die ordentliche Kapitalerhöhung nach § 182 AktG erfolgt gegen Einlage und ist – anders als der Name vermuten lässt – nicht die gebräuchlichste Form. Sie ist aber die Grundform und ihre Regeln gelten sinngemäß auch für die bedingte Kapitalerhöhung und für die Kapitalerhöhung aus genehmigtem Kapital. Im Unterschied zu diesen beiden Varianten muss bei der ordentlichen Kapitalerhöhung aber die Durchführung im engen zeitlichen Zusammenhang mit dem Hauptversammlungsbeschluss stehen. Weiteres wichtiges Merkmal der ordentlichen Kapitalerhöhung ist, dass sie nicht zweckgebunden ist. Sie kann beliebigen Vorhaben dienen.

Grundsätzliche Voraussetzung für eine ordentliche Kapitalerhöhung ist ein Hauptversammlungsbeschluss, der mit einer Dreiviertelmehrheit gefasst werden muss. Zwingender Bestandteil dieses Beschlusses sind Angaben zur Ausgestaltung der Kapitalerhöhung wie z.B. Anzahl der auszugebenden Aktien, Mindestausgabebetrag, Angaben zum Nennbetrag, zur Aktienart und zur Aktiengattung. Darüber hinaus sollten auch Angaben zum weiteren zeitlichen Ablauf, zum Bezugsrecht der Aktionäre und zum Beginn der Gewinnberechtigung der neuen Aktien gemacht werden. Da der Beschluss außerdem mit Änderungen der Satzung verbunden ist, müssen diese ebenfalls aufgenommen werden, denn nur die Hauptversammlung ist zu Satzungsänderungen berechtigt bzw. kann den Aufsichtsrat zu entsprechenden Änderungen bemächtigen.

Ein **Beschlussvorschlag an die Hauptversammlung** könnte beispielsweise wie folgt lauten:

„Das Grundkapital der Muster AG wird im Wege der Kapitalerhöhung gegen Bareinlage von 10.000.000 Euro um bis zu 2.000.000 Euro auf bis zu 12.000.000 Euro durch Ausgabe von 2.000.000 neuen, auf den Inhaber lautenden Stückaktien erhöht.

Die Aktien werden den Aktionären zu einem Betrag von je mindestens 100 Euro im Wege des mittelbaren Bezugsrechts im Verhältnis 5:1 angeboten und sind ab dem 1. Januar 2008 gewinnbezugsberechtigt.

Der Vorstand ist mit Zustimmung des Aufsichtsrats ermächtigt, weitere Einzelheiten der Kapitalerhöhung festzulegen, insbesondere zur Verwertung nicht bezogener Aktien, bei denen Aktionäre von ihrem Bezugsrecht keinen Gebrauch gemacht haben.

Der Beschluss muss bis spätestens 15. August 2008 beim Handelsregister einge-tragen sein, und die Durchführung muss vor dem 1. September 2008 beginnen. Andernfalls wird der Beschluss ungültig.

Der Aufsichtsrat ist ermächtigt, den § X Abs. Y der Satzung entsprechend der Durchführung der Kapitalerhöhung anzupassen."

Anschließend wird der Beschluss beim zuständigen Handelsregister eingetragen und die eigentliche Durchführung der Kapitalerhöhung beginnt mit der Zeich-nung der Aktien. Abschließend muss auch die Durchführung beim Handelsregis-ter eingetragen werden. In der Praxis können die Anmeldung des Hauptver-sammlungsbeschlusses und der Durchführung auch zusammengefasst werden.

Für die Anmeldung der Eintragung des Beschlusses beim Handelsregister genügt als Nachweis ein notariell beglaubigtes Hauptversammlungsprotokoll. Für die Anmeldung der Durchführung sind hingegen weitergehende Nachweise erfor-derlich.

Muster für die Eintragung neuer Aktien beim Handelsregister

Der Vorstand und der Vorsitzende des Aufsichtsrats haben die Veränderungen des Grundkapitals zur Eintragung in das Handelsregister anzumelden. Je nach Form und Art der Kapitalmaßnahme sind dieser Anmeldung Zeichnungsscheine, Bezugserklärungen, ein Verzeichnis der Zeichner, eine Kostenaufstellung und relevante Vorstands- und Aufsichtsratsbeschlüsse beizufügen. Im Folgenden finden Sie wichtige Muster für die gängigsten Nachweise einer Kapitalmaßnah-me.

Anmeldung eines Kapitalerhöhungsbeschlusses

An das Amtsgericht

- Handelsregister -

In der Registersache

Muster AG mit Sitz in Hamburg, HRB 1234,

überreichen wir als Vorstand und als Vorsitzender des Aufsichtsrats eine Ausfertigung der notariellen Niederschrift der Hauptversammlung vom 1. Juni 2007.

Wir melden zur Eintragung in das Handelsregister an:

Die Hauptversammlung vom 1. Juni 2007 hat beschlossen, das Grundkapital der Gesellschaft im Wege einer Barkapitalerhöhung von 10.000.000 Euro um bis zu 2.000.000 Euro auf bis zu 12.000.000 Euro durch Ausgabe von 2.000.000 neuen, auf den Inhaber lautenden Stückaktien zu erhöhen.

Der Beschluss wird ungültig, wenn er nicht spätestens bis zum Ablauf des 15. August 2008 beim Handelsregister eingetragen ist und die Durchführung nicht vor dem 1. September 2008 begonnen hat.

Der Aufsichtsrat ist ermächtigt, den § X Abs. Y der Satzung entsprechend der Durchführung der Kapitalerhöhung anzupassen.

Wir versichern, dass alle Einlagen auf das bisherige Grundkapital geleistet sind.

Der Vorstand   Der Vorsitzende des Aufsichtsrats

(Beglaubigungsvermerk des Notars)

Anmeldung der Durchführung einer Kapitalerhöhung

An das Amtsgericht

- Handelsregister –

In der Registersache

Muster AG mit Sitz in Hamburg, HRB 1234,

überreichen wir als Vorstand und als Vorsitzender des Aufsichtsrats:

- *Eine Bestätigung der Z-Bank in Hamburg über die Einzahlung des Zeichnungsbetrages, der abzüglich der Kosten für die Ausgabe der neuen Aktien endgültig zur freien Verfügung des Vorstands steht.*

- *Die Zweitschrift der Zeichnungsscheine.*

- *Ein vom Vorstand unterschriebenes Verzeichnis der Zeichner unter Angabe der gezeichneten Aktien und der geleisteten Zeichnungsbeträge.*

- *Die Berechnung der Kosten, die der Gesellschaft durch die Aktienausgabe entstanden sind.*

- *Den Beschluss des Aufsichtsrats über die Änderung der Satzung.*

- *Den vollständigen Wortlaut der geänderten Satzung mit Bescheinigung des Notars.*

Wir melden daher zur Eintragung in das Handelsregister an:

Die von der Hauptversammlung vom 1. Juni 2007 beschlossene Erhöhung des Grundkapitals im Wege einer Barkapitalerhöhung von 10.000.000 Euro um bis zu 2.000.000 Euro auf bis zu 12.000.000 Euro durch Ausgabe von 2.000.000 neuen, auf den Inhaber lautenden Stückaktien ist in vollem Umfang durchgeführt.

§ X Abs. Y der Satzung (Höhe und Einteilung des Grundkapitals) ist entsprechend geändert worden.

Wir erklären, dass 2.000.000 neue, auf den Inhaber lautende Stückaktien gezeichnet worden sind und der Zeichnungsbetrag auf dem Konto der Gesellschaft bei der Z-Bank in Hamburg endgültig zur freien Verfügung des Vorstands steht.

Der Vorstand *Der Vorsitzende des Aufsichtsrats*

(Beglaubigungsvermerk des Notars)

Bankbestätigung

Muster AG
- Vorstand -
Musterstraße 1
22091 Hamburg

Barkapitalerhöhung Ihrer Gesellschaft – Einzahlungsbestätigung der Z-Bank –

Sehr geehrte Damen und Herren,

der Vorstand hat am 15. Juni 2007 unter Ausnutzung der Ermächtigung der Hauptversammlung vom 1. Juni 2007 (alternativ bei genehmigtem Kapital: unter Ausnutzung der Ermächtigung gemäß § x Abs. y der Satzung) beschlossen, das Grundkapital der Gesellschaft von 10.000.000 Euro um bis zu 2.000.000 Euro auf bis zu 12.000.000 Euro durch Ausgabe von 2.000.000 neuen, auf den Inhaber lautenden Stückaktien mit einem anteiligen Betrag am Grundkapital in Höhe von jeweils Euro 1,00 je Aktie gegen Bareinlagen zu erhöhen. Der Aufsichtsrat hat dem am 16. Juni 2007 zugestimmt. Wir sind zur Zeichnung und Übernahme der neuen Aktien zugelassen worden.

Zur Vorlage beim Amtsgericht Hamburg bestätigen wir Ihnen hiermit, dass wir heute auf die durch uns gezeichneten 2.000.000 neuen auf den Inhaber lautenden Stückaktien aus der vorstehend bezeichneten Kapitalerhöhung den gesamten Ausgabebetrag in Höhe von

EUR 2.000.000,00

(in Worten: Euro Zwei Millionen)

auf dem bei der Z-Bank AG, Hamburg, geführten Konto der Muster AG mit der Kontonummer 111 111 111 gutgeschrieben haben. Es bestehen keine Gegenrechte der Z-Bank sowie keine der Z-Bank aus der Kontoführung bekannten Rechte Dritter (z.B. Pfändungen).

Gemäß §§ 203 Abs. 1, 188 Abs. 2 AktG in Verbindung mit den §§ 36 Abs. 2, 36 a Abs. 1 und 37 Abs. 1 AktG bestätigen wir hiermit, dass der eingezahlte Betrag zum Zeitpunkt der Abgabe dieser Erklärung endgültig zur freien Verfügung des Vorstands der Muster AG steht.

Hamburg, den 1. August 2007

Mit freundlichen Grüßen

Zeichnungsschein

Die Hauptversammlung der Muster AG, Hamburg, vom 1. Juni 2007 hat beschlossen, das Grundkapital der Gesellschaft im Wege der Barkapitalerhöhung von 10.000.000 Euro um bis zu 2.000.000 Euro auf bis zu 12.000.000 Euro durch Ausgabe von 2.000.000 neuen, auf den Inhaber lautenden Stückaktien zu erhöhen.

Die Aktien werden den Aktionären zu einem Betrag von je 100,00 Euro im Wege des mittelbaren Bezugsrechts im Verhältnis 5:1 angeboten und sind ab dem 1. Januar 2008 gewinnbezugsberechtigt.

Wir zeichnen und übernehmen hiermit nach Maßgabe der am 1. August 2007 veröffentlichten Bezugsbedingungen 2.000.000 neue Aktien zum Nennbetrag von insgesamt 2.000.000,00 Euro mit der Verpflichtung, diese den Aktionären der Muster AG zum Ausgabebetrag von je 100,00 Euro zum Bezug anzubieten. Der Betrag von 2.000.000,00 Euro wurde auf das Konto der Muster AG bei der XY-Bank in Hamburg eingezahlt.

Wird die Durchführung dieser Kapitalerhöhung nicht bis zum Ablauf des 15. August 2008 beim Handelsregister eingetragen, ist diese Zeichnung nicht mehr verbindlich.

Aufsichtsratsbeschluss

Niederschrift über einen Beschluss des Aufsichtsrats der Muster AG vom 16. Juni 2007

Der Aufsichtsrat hat Kenntnis vom Beschluss des Vorstands der Gesellschaft vom 15. Juni 2007 über die Ausnutzung der Ermächtigung der Hauptversammlung vom 1. Juni 2007 (alternativ: des genehmigten Kapitals nach § x Abs. y der Satzung), der dieser Niederschrift in Abschrift als Anlage beigefügt ist.

Der Aufsichtsrat genehmigt diesen Beschluss vorbehaltlos in allen Teilen. Der Aufsichtsrat stimmt insbesondere auch den Festsetzungen des Vorstands zum Inhalt der Aktienrechte und den Bedingungen der Aktienausgabe, insbesondere dem mittelbaren Bezugsrecht, dem Ausgabebetrag, dem Bezugspreis und der Verwertung der nicht bezogenen Aktien zu.

Hamburg, 16. Juni 2007

_____

- Vorsitzender des Aufsichtsrats -

4.3   Kommunikation in der Übernahme

Steht die Übernahme des eigenen Unternehmens an oder wollen Sie selbst als Käufer am Markt auftreten, warten hohe Anforderungen auf Ihre Öffentlichkeitsarbeit und Investor Relations. Der wohl anspruchvollste Fall ist die Kommunikation als börsennotiertes Zielunternehmen einer Übernahmetransaktion. Aus dem WpÜG ergibt sich hier vor allem die Pflicht zu einer ausführlichen Stellungnahme von Vorstand und Aufsichtsrat der Zielgesellschaft.

Im Gesetz werden unterschiedliche Typen von Übernahmen geregelt, Schutzbestimmungen für außen stehende Aktionäre getroffen, ein Gleichbehandlungsgrundsatz für alle Aktionäre aufgestellt und Fragen der Aufsicht und der Sanktionen geregelt.

Insgesamt hat der deutsche Gesetzgeber mit Einführung des WpÜG den Anschluss an international übliche Kapitalmarktstandards hergestellt, die allerdings nur im Grundsatz relativ ähnlich, in den Detailregelungen jedoch höchst unterschiedlich ausfallen.

Die Festlegung der Kontrollschwelle ist eine der wichtigsten Bestimmungen des Gesetzes, das folgende Regelung vorsieht: Die Kontrolle über ein Unternehmen wird als das Halten von mindestens 30 Prozent der Stimmrechte an der Zielgesellschaft definiert. Dieser Schwellenwert ist plausibel. Damit wird den durchschnittlichen Hauptversammlungspräsenzen Rechnung getragen, die sich meist in Bereichen von 50 bis 60 Prozent bewegen.[11]

Selbstverständlich wird nicht in allen Fällen mit dem Erreichen dieser Schwelle auch die tatsächliche Kontrolle erlangt, z.B. wenn ein anderer Aktionär einen höheren Anteil hält oder aber die HV-Präsenzen weit überdurchschnittlich ausfallen.

Das deutsche WpÜG kennt drei Arten von Übernahmeangeboten.

1. Beim so genannten „sonstigen Erwerbsangebot" will der Bieter entweder Aktien einer Zielgesellschaft erwerben, ohne die Kontrolle über das Unternehmen zu erlangen, oder er hat bereits die Kontrolle über das Unternehmen und will seine Beteiligung erhöhen. Für sonstige Erwerbsangebote schreibt das WpÜG keine Mindestpreise vor und lässt auch Teilangebote zu.

---

11 Vgl. http://www.registrar-services.com/News,catart572.html, Stand 08/2007: Laut einer Erhebung von Registrar Services betrug die durchschnittliche Präsenz bei Hauptversammlungen der DAX 30 Unternehmen im Jahr 2007 55,89 Prozent. Vgl. http://www.registrar-services.com/News,catart572.html.

2. Strebt der Bieter die Kontrolle über die Zielgesellschaft an, so kann er ein „freiwilliges Angebot" an alle Aktionäre für alle ihre Aktien unterbreiten und unterliegt damit dann den diesbezüglichen gesetzlichen Bestimmungen des freiwilligen Angebots. Teilangebote für Anteile oder Angebote für den Erwerb von bestimmten Aktiengattungen sind nicht zulässig. Der Bieter ist bei einem freiwilligen Angebot unter anderem dazu verpflichtet, den Aktionären eine angemessene Gegenleistung anzubieten. Bei der Gegenleistung werden Vorerwerbe und der durchschnittliche Börsenkurs vor Ankündigung des Angebots berücksichtigt.

3. Ein „Pflichtangebot" ist abzugeben, wenn der Bieter erstmals, das heißt in anderer Weise als durch ein freiwilliges Übernahmeangebot, die Kontrolle über eine Zielgesellschaft erlangt. Er muss dann allen Aktionären der Zielgesellschaft ein Angebot zur Übernahme ihrer Aktien unterbreiten. Denn bei einem Kontrollwechsel sollen Aktionäre die Möglichkeit haben, ihre Beteiligung zu einem angemessenen Preis aufzugeben.

Das eigentliche Angebotsverfahren beginnt bereits mit der Entscheidung des Bieters, ein Übernahmeangebot abzugeben, oder aber mit dem Erreichen der Kontrollschwelle von 30 Prozent.

Der Bieter muss die BaFin und die Börsen unverzüglich darüber informieren und seine Entscheidung bzw. Kontrollerlangung in einem überregionalen Börsenpflichtblatt oder elektronisch veröffentlichen. Innerhalb von vier Wochen nach der Veröffentlichung der Entscheidung zur Abgabe eines Übernahmeangebots muss der Bieter nun eine Angebotsunterlage erstellen und diese der BaFin zur Prüfung übermitteln.

Der Bieter soll eine Übernahmeabsicht vor der Bekanntgabe geheim halten, er kann jedoch mit der Unternehmensleitung und den Aktionären der Zielgesellschaft verhandeln. Des Weiteren muss er vor der Veröffentlichung des Angebots sicherstellen, dass ihm die zur vollständigen Erfüllung des Angebots notwendigen Mittel zur Verfügung stehen; dies ist durch eine Bank, einen Wirtschaftsprüfer oder ein gleichgestelltes Unternehmen schriftlich zu bestätigen.

Fraglich ist, ab wann auf Seiten der Bieter- oder der Zielgesellschaft die Pflicht zur Veröffentlichung einer Ad-hoc-Mitteilung einsetzt. Bei der Bietergesellschaft ist die interne Entscheidung, mit einer potenziellen Zielgesellschaft Vorgespräche aufzunehmen, grundsätzlich noch keine Insiderinformation. Gleiches gilt für die umgekehrte Situation. Dieser Entschluss ist grundsätzlich noch nicht hinreichend konkret, um ein erhebliches Preisbeeinflussungspotenzial annehmen zu können. Ebenso liegt regelmäßig im Zeitpunkt der Beauftragung von Beratern

(z.B. von Rechtsanwälten, Banken, Unternehmensberatern) noch keine Insiderinformation vor, da es sich hierbei um reine Vorbereitungshandlungen handelt.[12]

Um im Falle laufender Verhandlungen zu verhindern, dass Insiderinformationen
bekannt werden, empfiehlt es sich für die beteiligten Verhandlungspartner, eine
Befreiung von der Ad-hoc-Pflicht nach § 15 Abs. 3 WpHG zu erwägen. Das
berechtigte Interesse auf Seiten des als Bieter auftretenden Emittenten für eine
solche Befreiung ist grundsätzlich anzunehmen, wenn durch die frühzeitige Veröffentlichung der Information eine für die Bietergesellschaft nicht akzeptable
Veränderung, also eine Erhöhung des Börsenkurses oder gar ein Scheitern der
Transaktion zu befürchten ist.[13]

Seine Entscheidung über die Abgabe eines Angebots muss der Bieter unverzüglich veröffentlichen (spätestens nach der Einholung aller benötigten Organzu-
stimmungen des Bieters) und der Zielgesellschaft, den relevanten Börsenorganisationen und der Aufsichtsbehörde BaFin mitteilen.

Anschließend muss er die Angebotsunterlage erstellen und sie innerhalb von vier
Wochen veröffentlichen. Die **Angebotsunterlage** muss Angaben zu folgenden
Themen enthalten:

✓ Wesentliche Geschäftsdaten (Erwerber, Gegenleistung, Preis der Gegenleistung)

✓ Wertpapiere, die Gegenstand des Angebots sind, sofern solche zum Tausch
   angeboten werden

✓ Bedingungen, von denen die Wirksamkeit des Angebots abhängt

✓ Beginn und Ende der Annahmefrist

✓ Finanzierung des Angebots

✓ Vermögens-, Finanz- und Ertragslage des Bieters nach dem Angebot

✓ Beteiligung an der Zielgesellschaft

✓ Absichten mit Blick auf die künftige Geschäftstätigkeit der Zielgesellschaft
   und deren Arbeitnehmer

---

[12] Vgl. hierzu BaFin Emittentenleitfaden (2005), S. 51.
[13] Vgl. hierzu BaFin Emittentenleitfaden (2005), S. 52.

Nach positiver Prüfung der Angebotsunterlage durch die BaFin beginnt die Angebotsfrist, die mindestens vier und höchstens zehn Wochen betragen soll. Die Angebotsunterlage muss Aktionären im Internet zur Einsicht bereitgestellt oder auf Verlangen kostenlos übermittelt werden.

Vorstand und Aufsichtsrat der Zielgesellschaft sind verpflichtet, zum Angebot Stellung zu nehmen und in ihrer Stellungnahme auch eine Empfehlung an die Aktionäre über die Annahme oder Nicht-Annahme zu geben. Sofern erforderlich oder gewünscht, kann auch der Betriebsrat eine Stellungnahme abgeben.

Die Stellungnahme muss auch eingehen auf die Auswirkungen für die Zielgesellschaft einschließlich der Beschäftigten, die vom Bieter verfolgten Ziele und die Absicht der Mitglieder des Vorstands – sofern sie Inhaber von Aktien der Zielgesellschaft sind – das Angebot anzunehmen.

Innerhalb der Annahmefrist entstehen auch beim Bieter weitere Veröffentlichungspflichten: Während der gesamten Annahmefrist muss der Bieter regelmäßige „Wasserstandsmeldungen" abgeben: Er muss mitteilen, wie viele Aktien ihm bisher angedient worden sind. Diese Meldung hat zu Beginn wöchentlich zu erfolgen, in der letzten Woche sogar täglich.

Ist das Angebot erfolgreich, haben Aktionäre nach Ablauf der Annahmefrist für zwei weitere Wochen die Möglichkeit, ihre Aktien zu gleichen Konditionen nachzureichen.

Gehören dem Bieter nach einem Übernahme- bzw. Pflichtangebot mindestens 95 Prozent des stimmberechtigten Grundkapitals, so können die verbleibenden Aktionäre das Angebot auch noch innerhalb von drei Monaten annehmen.

Schon aus dem komplexen Verfahren ergibt sich der hohe Kommunikationsbedarf. Hervorzuheben ist sicherlich zunächst die interne Kommunikation, denn jeder Veränderungsprozess will Mitarbeiterinnen und Mitarbeitern gut erklärt sein. Bedenken Sie: Eine Übernahme ist eine Ausnahmesituation und kaum ein Mitarbeiter wird die Rechte und Pflichten, die sich aus dem WpÜG ergeben, kennen.

Für die Belegschaft mag also das Verhalten der obersten Führungsebene teilweise befremdend erscheinen. Bei den meisten macht sich Verunsicherung breit, bei einigen möglicherweise eine Art Aufbruchstimmung. Es ist daher ratsam, schon in einem frühen Stadium den Dialog mit den Angestellten zu suchen.

Praxistipp

Nutzen Sie zur internen Kommunikation alle Ihnen zur Verfügung stehenden Kommunikationsmittel. Dazu gehören z.B. regelmäßige Informationen im firmeneigenen Intranet, E-Mails, eine Sonderausgabe der Mitarbeiterzeitschrift, die Einberufung einer Betriebsversammlung oder auch Kurzinfoblätter, die mit der Gehaltsabrechnung verteilt werden. Beachten Sie wie bei jeder internen Kommunikationsmaßnahme, dass die Mitarbeiterinformation transparent ist, aktuell, verständlich geschrieben, so direkt wie möglich, und geben Sie Gelegenheit für Feedback. Nur so schaffen Sie Vertrauen und wirken glaubwürdig.

Vor der Veröffentlichung der Angebotsunterlage durch den Bieter ist es bei der Zielgesellschaft meist still. Das ergibt sich aus der Natur der Sache: Eine angekündigte Übernahme steht im Raum, Details folgen erst bis zu vier Wochen später in der Angebotsunterlage. Jetzt ist der Vorstand der Zielgesellschaft gefragt, seinen Mitarbeiterinnen und Mitarbeitern zunächst das Verfahren einer Übernahme nach dem WpÜG näher zu bringen, um Verständnis für die scheinbare „Untätigkeit" einzuwerben.

Als Nächstes gilt es, Kommunikationsrichtlinien festzulegen. Sämtliche die Übernahme betreffenden Anfragen sollten ausschließlich durch die Abteilungen Presse und Investor Relations zentriert beantwortet werden. Nicht selten rufen findige Journalisten in einer Übernahmesituation auch wahllos Mitarbeiter des Zielunternehmens an, um Stimmungen aus der Belegschaft einzufangen. Stellen Sie sich den GAU vor, wenn noch vor Veröffentlichung einer offiziellen Stellungnahme in großen Buchstaben in der Zeitung zu lesen ist, dass die Mitarbeiter gegen eine Übernahme sind.

Hier kann auch der Bieter unterstützend zur Seite stehen, indem er in seiner Kommunikation die Mitarbeiter des Zielunternehmens bedenkt. Er sollte also nicht nur seine Vorteile, sondern vor allem die gemeinsamen Vorteile der Übernahme in den Vordergrund stellen. Aussagen zur Sicherheit der Arbeitsplätze sind selbstverständlich ebenfalls nicht schädlich.

Ist das Angebot am Ende erfolgreich, wartet die nächste Herausforderung in der internen Kommunikation auf Sie. Denn die jahrelang gepflegte Identität mit dem Unternehmen wirkt im Falle einer Übernahme eher kontraproduktiv. Nicht selten scheitert die anschließende Integration an den unterschiedlichen Unternehmenskulturen. Eine neue Identität lässt sich nicht per Vorstandsbeschluss verordnen. Auch hier gilt es, auf die Sorgen und Ängste der Mitarbeiterinnen und Mitarbeiter einzugehen und regelmäßig über geplante Veränderungen und Neuerungen zu informieren.

Damit später einmal zusammenwächst, was zusammengehört, sind innerhalb kürzester Zeit zahlreiche und oft über Jahre eingefahrene Prozesse zusammenzuführen. Angefangen bei der Kommunikation und dem Projektmanagement über die IT-Systeme bis hin zu einer neuen, gemeinsamen Unternehmenskultur. Deswegen ist es sinnvoll, eine Projektorganisation einzusetzen, die alle Integrationsaktivitäten zielgerichtet unterstützt und koordiniert. Ein realistischer Zeitplan ist hierzu ebenso wichtig wie präzise und verständliche Ziele. Und diese sollten in einzelne Phasen und Zwischenziele gegliedert sein. Die Zwischenziele setzen sich aus verschiedenen Aktivitäten zusammen. Dadurch wird das Projekt überschaubar und für Mitarbeiter nachvollziehbar. Je mehr Mitarbeiter in diesen Prozess eingebunden werden, desto höher ist die Chance, dass er gelingt.

Ebenfalls von Bedeutung kann die Kommunikation gegenüber Kunden und Lieferanten sein. Denn auch die Geschäftspartner sind meist verunsichert, wenn Veränderungen in den zum Teil über Jahre etablierten Geschäftsbeziehungen anstehen. Bei ihnen stellt sich häufig die Frage, ob sie nach einer Fusion oder Übernahme weiter auf die ihnen vertrauten Ansprechpartner und Leistungen zugreifen können. Hier gilt es, mögliche Neuerungen frühzeitig mitzuteilen und sowohl Kunden als auch Lieferanten in den Prozess zu integrieren. Wie die Mitarbeiter brauchen auch sie Perspektiven. Darüber hinaus empfiehlt sich eine Art Kundenbindungs-Kampagne durch das Marketing, um den Kundensorgen proaktiv zu begegnen.

4.4   Krisenkommunikation

„Liebe Freunde, wir haben es geschafft". Mit diesen Worten von Ex-Bundeskanzler Gerhard Schröder fand die Unternehmenskrise des seinerzeit zweitgrößten deutschen Baukonzerns Philipp Holzmann AG am Abend des 26. November 1999 ihr vorläufiges Ende. Leider hat nicht jedes Unternehmen das Glück, dass ein Bundeskanzler daher kommt und die Krisenbewältigung unterstützt.

Aus kommunikativer Sicht zählt die Krise sicher zu den spannendsten Unternehmensphasen, wenngleich auch nicht zu den angenehmsten. Rein betriebswirtschaftlich betrachtet stellt eine Unternehmenskrise lediglich einen Mangel an Liquidität dar. Meistens resultiert dieser Mangel aus strategischen Fehlentscheidungen und schlechter Ertragslage.

Aber auch ein Produkt, das Serienfehler aufweist oder den eigenen Qualitätsansprüchen nicht genügt, kann eine Krise auslösen. Ein sehr prominentes Beispiel für eine misslungene Produkteinführung war der Start der Mercedes A-Klasse im

Jahr 1997. Drei Tage nach dem ersten Verkaufstag kippte ein Wagen der A-Klasse bei einem Test durch schwedische Journalisten auf sein Dach. Dieser Test ist so ziemlich jedem als so genannter „Elchtest" in Erinnerung geblieben.

Doch Mercedes wollte zu diesem Zeitpunkt von einer Krise nichts wissen. Anfragen von Journalisten wurden zurückgewiesen. Es stellte sich heraus, dass bei eigenen Tests im Vorfeld bereits ähnliche Feststellungen gemacht wurden. Einige Wochen später versuchte Mercedes, die Schuld für das Debakel beim Reifenhersteller zu suchen, und erklärte das Auto weiterhin als absolut sicher. Als eine Tageszeitung über einen geplanten Auslieferungsstopp der A-Klasse berichtete, dementierte Mercedes vehement. Nur zwei Tage nach dem Dementi verkündete der damalige Konzernchef Jürgen Schrempp einen dreimonatigen Auslieferungsstopp der A-Klasse.

Das Beispiel zeigt, dass sich Krisen manchmal schon weit vor ihrem Ausbruch ankündigen. Dabei verschließt das Management häufig die Augen und erkennt selbst offenkundige Signale einer drohenden Krise nicht. Mangelnde oder falsche Kommunikation macht dann anschließend aus der drohenden eine tatsächliche Krise.

Je schärfer und offensichtlicher die Symptome der Krise erkennbar sind, desto mehr Zielgruppen müssen in der Kommunikation bedient werden. Es ist keineswegs so, dass alleine die Mitarbeiterinnen und Mitarbeiter beginnen, nervös zu werden. Auch Kunden, Lieferanten, Kreditgeber und Kreditversicherer, Aktionäre und mitunter Behörden wollen über den Stand der Krise und Auswege aufgeklärt werden.

Fehlende oder unklar formulierte Informationen führen in einer solchen Situation zu Spekulationen und wachsendem Misstrauen. Dies hat häufig übertriebene Reaktionen zur Folge. Beispielsweise könnte eine Kredit gebende Bank bei Anzeichen für einen finanziellen Engpass Linien panikartig kürzen oder gar kündigen, was den Liquiditätsengpass und damit die Krise noch weiter verschärft. Lieferanten könnten aufgrund der öffentlichen Diskussion ihre Zahlungsziele verkürzen oder gar nur noch gegen Vorkasse liefern.

Grundsätzlich zeigen die verschiedenen Interessensgruppen, insbesondere auch Aktionäre, die intensivsten Reaktionen, wenn sie überrascht werden. Eine Überraschung positiver Art wird Ihnen sicher nicht übel genommen, eine Überraschung negativer Art verankert sich in den Köpfen.

Die Kommunikation sollte in einer Krise bereits beginnen, bevor „das Kind in den Brunnen gefallen ist". Schlechte Nachrichten werden vom Management gerne zunächst zurückgehalten und erst, wenn die Gerüchteküche richtig brodelt, wird Stellung bezogen. Dann jedoch hat die vorherige Zurückhaltung zur Folge, dass sich Misstrauen breitmacht. Es wird unterstellt, dass nur das Nötigste herausgelassen wurde, da sich dies aufgrund der Gerüchtelage nicht mehr verhindern ließ.

Die Krise ist ja nicht erst durch Veröffentlichung der Information entstanden. Hier werden zum Teil jahrelang aufgebaute Vertrauensverhältnisse zerstört, die gerade jetzt besonders wichtig wären.

Durch frühe Kommunikation kann das Vertrauen eventuell noch gerettet werden. Wenn Sie beispielsweise einen Umsatzeinbruch kommunizieren müssen, sollten Sie nicht bis zum turnusmäßigen Termin für die Veröffentlichung von Quartalszahlen oder des Jahresabschlusses warten. Er sollte angekündigt werden, sobald er absehbar ist. Und er sollte möglichst detailliert dargestellt und begründet werden. Wenn Sie darstellen können, dass es sich z.B. ohnehin um unrentable Aufträge handelt, die jetzt nicht mehr realisiert werden, wird sich der spätere Umsatzrückgang relativieren.

Je nach Ursache und Intensität der Krise ist eine solche Situation auch oft mit tief greifenden Sanierungen, Umstrukturierungen oder einer Neupositionierung verbunden.

Die wichtigsten Grundsätze der Krisenkommunikation

■ *Kommunizieren Sie frühzeitig:* Durch rechtzeitige Information von Arbeitnehmern, Kunden und Medien können lang gepflegte Vertrauensverhältnisse noch gerettet werden.

■ *Liefern Sie im Krisenfall Hintergrundmaterial:* Bieten Sie den Medien aktuelle Informationen über die Ereignisse. So haben Sie die Themenhoheit in der Hand.

■ *Beachten Sie die „Kis"-Regel („Keep it simple"):* Durch wenige, aber verständliche Kernbotschaften vermeiden Sie Missverständnisse bei den Medien und in der Öffentlichkeit.

■ *Legen Sie in einem Plan fest, wer nach außen kommunizieren darf:* Sämtliche Anfragen sollten an ein vorher definiertes Team gerichtet werden. Wenn Sie zulassen, dass Medien in der Krise z.B. mit betroffenen Mitarbeitern Interviews führen, wird die Diskussion schnell sehr emotional.

■ *Denken Sie an die „One-Voice-Policy":* Auf widersprüchliche Aussagen stürzen sich die Vertreter der Medien besonders gern. Durch einheitliche Sprachregelungen vermeiden Sie zusätzliches „Futter".

■ *Kommunizieren Sie auch Teilerfolge:* Jede kleinste Positivmeldung hinsichtlich der Krisenbewältigung hilft, das Vertrauen in die Unternehmensführung
wiederherzustellen.

5. Das 1x1 der Investor Relations

5.1 Stetiger Dialog

Geschäftsbeziehungen wollen – vergleichbar mit Freundschaften im privaten Leben – gehegt und gepflegt werden. Als Investor Relations Manager sind Sie erste Anlaufstation für Finanzanalysten und institutionelle Investoren. Als institutionelle Investoren werden die Kapitalmarktteilnehmer bezeichnet, die professionell Investitionen tätigen, also z.B. Fondsmanager. Finanzanalysten hingegen sind – wie der Name bereits vermuten lässt – mit der Analyse von Wertpapieren betraut und sprechen Kauf- oder Verkaufsempfehlungen aus, die häufig Entscheidungsgrundlage der institutionellen Investoren sind. Zur Vereinfachung wird im Folgenden der Begriff des „professionellen Marktteilnehmers" als Synonym für institutionelle Investoren und Finanzanalysten verwendet.

Die Meinung von Analysten beeinflusst aber nicht nur die Handlung der Investoren, sondern strahlt auch auf das Image des Unternehmens in der breiten Öffentlichkeit aus. Denn mindestens das Anlageurteil wird meist in rasanter Geschwindigkeit über die Nachrichtenticker der Wirtschaftsredaktionen kundgetan. In Extremfällen kann dies besonders bei marktengen Werten, das heißt Aktien, deren tägliches Handelsvolumen unterdurchschnittlich niedrig ist, enorme Einflüsse auf den Kursverlauf haben.

Jeder der professionellen Marktteilnehmer hat sein eigenes Modell, mit dem er versucht, den wahren Wert der Aktie Ihres Unternehmens zu beurteilen. Je nach Hintergrund Ihres Ansprechpartners legt er mehr Wert auf Finanzkennzahlen, auf technische Besonderheiten Ihrer Produkte, auf Ihre Stellung innerhalb der Branche, auf Innovationskraft, auf ökologische Aspekte und vieles mehr.

Das Spannungsfeld, in dem Sie sich bewegen, ist umfangreich. Denn jeder professionelle Marktteilnehmer empfindet seine Frage an Sie als wichtiges Anliegen, sonst würde er sich nicht die Mühe machen, den direkten Kontakt zu suchen. Natürlich können Sie nicht gleichzeitig Umweltbeauftragter, Ingenieur, Betriebswirt und strategischer Entscheider innerhalb des Unternehmens sein. Nichtsdestotrotz sollten Sie mit der Zeit die Vorlieben Ihrer Ansprechpartner kennen und entsprechende Informationsquellen in Ihrem Unternehmen aufspüren. Es gibt so gut wie keine Frage, die Ihnen nur einmal gestellt wird. Denn sowohl Analysten als auch Investoren interessieren sich nur wenig für den Status quo. Sie wollen die Entwicklung über einen längeren Zeitraum sehen und leiten daraus ihre Handlungsempfehlung ab.

Der professionelle Marktteilnehmer verfügt über einen guten Überblick über alle Unternehmen der Branche und ist auch in der Lage, Schwachstellen zu entdecken, wenn Sie in dem einen oder anderen Segment nicht ideal aufgestellt sind. Diese sollten Sie ausführlich mit ihm diskutieren und seine Kritik auch als Chance zur Verbesserung sehen. Eine regelmäßige Information des Vorstands über aufgespürte Schwachstellen versteht sich fast von selbst.

Praxistipp

Legen Sie sich eine Datenbank an, in der Sie die Kontaktdaten von Analysten und institutionellen Investoren speichern. Hierfür genügt beispielsweise eine Excel-Tabelle. Darüber hinaus sollten Sie die Vorlieben der einzelnen Personen hinzufügen. Wenn im Unternehmen beispielsweise eine Produkterneuerung ansteht, sprechen Sie die Analysten und Investoren proaktiv an, die in der Vergangenheit sehr produktlastige Fragen gestellt haben. Dies hat den Vorteil, dass Sie für Ihre Information höchstwahrscheinlich auch einen interessierten Abnehmer finden. Denn in Zeiten des Überangebots von Informationen ist es schwer genug, die wichtigen Informationen herauszufiltern. Betrachten Sie es als eine Art Service, dies für Ihren Ansprechpartner zu übernehmen.

Bitten Sie gleichzeitig die Fachabteilungen in Ihrem Unternehmen, Sie in jegliches Reporting mit einzubeziehen. Als Investor Relations Manager müssen Sie grundsätzlich der am besten informierte Mitarbeiter nach dem Vorstand sein.

Zu den Kernaufgaben der Investor Relations gehört auch das Management von Erwartungen und tatsächlicher Entwicklung. Anhand der durch Analysten veröffentlichten Studien und der Fragen der professionellen Marktteilnehmer kann der IR-Manager die Erwartungshaltung beziffern. Sollten Erwartungen und tatsächliche Unternehmensentwicklung nicht in einer Balance sein, ist er gefordert, diese im Dialog mit den Marktteilnehmern wieder herzustellen.

Neben den professionellen Marktteilnehmern gehört in den meisten Unternehmen auch die Betreuung der Finanz- und Wirtschaftsjournalisten zu den Aufgaben der Investor Relations Abteilung. Die Fragen und Anliegen dieser Zielgruppe gehen weit über den Verantwortungsbereich der Public Relations hinaus und ähneln häufig denen der professionellen Marktteilnehmer, so dass eine Betreuung durch Investor Relations auch sinnvoll ist. Auch hier gilt es, über die Jahre hinweg Beziehungen aufzubauen und zu pflegen. Im Unterschied zu den professionellen Marktteilnehmern sind die Anliegen der Finanz- und Wirtschaftsjournalisten jedoch meist noch dringlicher, insbesondere wenn es sich um Mitarbeiter der Tagespresse handelt.

5.2   Investor Relations im Internet

Elektronische Medien erleichtern die Erfüllung der Folgepflichten aus der Börsennotiz und ergänzen die klassische Investor Relations, denn das Internet ist der kürzeste Weg zu den Marktteilnehmern. Kaum ein anderes Medium eignet sich besser, um eines der Hauptziele von Investor Relations, nämlich Erhöhung der Transparenz und gleichzeitige Information aller Marktteilnehmer, zu unterstützen.

Von großer Bedeutung innerhalb der Investor Relations im Internet ist die so genannte Equity Story. Die Nennung von Unternehmenskennzahlen und Archivierung von Berichten und Mitteilungen genügt sicherlich der Pflicht, die Kür allerdings ist die Präsentation des Unternehmens, seiner Stärken, seiner Produkte und seiner Marktstellung. Diese Informationen liefern ein vollständiges Bild, das es ermöglicht, die nackten Kennzahlen besser zu beurteilen.

Die großen Vorteile von Online Investor Relations sind sicherlich, dass Informationen zum einen immer verfügbar sind und somit die Transparenz erhöhen, zum anderen, dass zwischen den Informationen geeignete Verknüpfungen erstellt werden können.

Im **Investor Relations Bereich auf der Website** sollten folgende Themen und Publikationen behandelt bzw. bereitgestellt werden:

✓ Unternehmensprofil

✓ Produkt/Unternehmensbroschüren

✓ Aktienangaben, Aktionärsstruktur

✓ Kurscharts

✓ Börsenprospekt(e)

✓ Geschäftsbericht

✓ Zwischenberichte

✓ Investorenpräsentationen

✓ Corporate Governance Erklärung

✓ Ad-hoc-Publizität

✓ Pressemitteilungen

✓ Unternehmenskalender

✓ Informationen zur Hauptversammlung

✓ Kontaktdaten

Neben inhaltlichen Elementen spielen vor allem formale Aspekte eine Rolle. Grundsätzlich wichtig ist eine schnelle, übersichtliche Navigationsstruktur. So sollten unterhalb der Rubrik Investor Relations nicht alle Informationen wahllos untereinander gereiht erscheinen.

Es empfiehlt sich, Unterkategorien wie Unternehmensdaten, Publikationen, Hauptversammlung etc. einzurichten. Durch grafische Akzentuierung können die wichtigsten Inhalte hervorgehoben werden. Dabei sollten die Grundlagen des Corporate Designs stets Anwendung finden. Eine Kategorisierung könnte wie folgt aussehen:

Beispiel für den Navigationsaufbau einer Investor Relations Website

Unternehmen

Unter der Rubrik Unternehmen können Angaben zur Strategie, zu einzelnen Geschäftsfeldern und zu wichtigen operativen Kennzahlen wie Umsatz und Gewinn erfasst werden. Ergänzend kann hier eine Informationssammlung zu Produkten, Dienstleistungen und geplanten Innovationen angeboten werden, die es insbesondere professionellen Marktteilnehmern erleichtert, Rückschlüsse auf zukünftige Investitionen zu ziehen. Außerdem sollte das Management (Vorstand und Aufsichtsrat) vorgestellt werden.

Corporate Social Responsibility

Beschreibt das verantwortungsvolle unternehmerische Handeln, welches über die eigentliche Geschäftstätigkeit hinausgeht.

Aktieninformationen

Aktieninformationen umfassen Grunddaten wie Anzahl ausgegebener Aktien, Börsenkürzel und Aktionärsstruktur. Darüber hinaus können aktuelle Kurse und Charts zur Verfügung gestellt werden. Die Deutsche Börse bietet für ihre Emittenten sogar kostenlose Tools an, die in die eigene Website eingebunden werden können.

Berichte

Hierunter fallen Finanzberichte, das heißt in der Regel Geschäfts- und Zwischenberichte, Vorstandsreden, Aktionärsbriefe, Medienberichte und Studien oder Analysten-Research.

Finanzkalender

Zu den Pflichtangaben zählen die Veröffentlichungstermine von Geschäfts- und Zwischenberichten, das Datum der Hauptversammlung, und je nach Börsensegment muss auch eine Analystenkonferenz angeboten werden. Ergänzt werden kann der Kalender um Teilnahme an Fachkonferenzen, Messen, Investorenroadshows und Pressekonferenzen.

Corporate Governance

Neben der Entsprechenserklärung zum Corporate Governance Kodex (siehe Kapitel 2.3) können auch Geschäftsordnungen, Satzungen und Leitmotive des Unternehmens hier dargestellt werden. Je nach Geschmack lassen sich auch Directors' Dealings (siehe Kapitel 3.2) unter dieser Kategorie einordnen.

Hauptversammlung

Bei Einberufung einer Hauptversammlung müssen mindestens die Tagesordnung, Angaben zum Versammlungsort, die zum Zeitpunkt der Einladung gültige Satzung sowie Vorstandsberichte und mögliche Gegenanträge elektronisch abrufbar sein. Darüber hinaus kann später die Hauptversammlungsrede archiviert werden, ein Hauptversammlungsbericht, Abstimmungsergebnisse und vieles mehr. Insbesondere größere Unternehmen bieten teilweise Live-Streaming und Möglichkeiten zur elektronischen Stimmabgabe.

Bestellservice

Möglichkeit zur kostenlosen Bestellung von Katalogen, Broschüren, Produkt-
expertisen etc.

Kontakt

Liste der Ansprechpartner mit Telefonnummer, E-Mail-Adresse und Postan-
schrift.

Anleger oder potenzielle Anleger nutzen das Internet als Erstinformationsquelle.
Je mehr Informationen zur Verfügung gestellt werden, desto weniger Nachfragen
ergeben sich. Dies führt mitunter zu einer deutlichen Abnahme der Arbeitsbelas-
tung in der Investor Relations Abteilung.

Professionelle Anleger begrüßen es, wenn Informationen möglichst unformatiert
zur Weiterverarbeitung zur Verfügung gestellt werden. Schließlich benötigen sie
für ihre Bewertungsmodelle eine Reihe von Kennzahlen.

Ein besonders guter und gern gesehener Service ist zum Beispiel, dass Ge-
schäfts- und Zwischenberichte nicht nur im PDF-Format auf der Website archiviert werden, sondern sämtliche Tabellen des Anhangs wie Bilanz, Gewinn- und
Verlustrechnung, Kapitalflussrechnung, Eigenkapitalspiegel usw. auch als Excel-
Tabelle zum Download bereitstehen.

Ein Geschäftsbericht mit erweiterter Funktionalität wird allgemein als interaktiver Geschäftsbericht bezeichnet. Obwohl einige Unternehmen ihre Berichte
interaktiv nennen, wird statt Interaktivität nur Navigation geboten. Der Bericht
bleibt ein mal mehr, mal weniger animiert gestaltetes Lesewerk. Eine aktive,
direkte Beschäftigung des Nutzers mit dem Bericht fehlt. Die Vorteile der Internettechnologie werden nicht ausgeschöpft.

Für einen echten interaktiven Bericht gibt es verschiedene Ansätze, die je nach
vorhandenem IR-Budget zum Einsatz kommen.

Derzeitiger Stand der Technik ist ein interaktiver Geschäftsbericht im HTML-
Format. Dieser zeichnet sich durch zahlreiche zusätzliche Funktionalitäten gegenüber der klassischen PDF-Version aus. Typischerweise finden diese Funktionalitäten Ausdruck in einer verbesserten Navigation, umfangreicheren Suchfunk-
tionen, Downloadmöglichkeiten und Analysetools. Darüber können meist einzelne Seiten ausgewählt und in einer Art Warenkorb gesammelt werden, um sie
anschließend zu einem individuellen Bericht im PDF-Format umzuwandeln.

Selbstverständlich ist der HTML-Bericht aufgrund seiner Komplexität in der Erstellung deutlich teurer als eine PDF-Version. Schließlich muss jede einzelne Seite programmiert werden. Dies ist wohl auch der Grund, weshalb diese Form der Berichterstattung im Wesentlichen bei Unternehmen im Dax vorzufinden ist.

Aber auch für den kleineren Geldbeutel gibt es mittlerweile eine Reihe von Alternativen, die Funktionalitäten bieten, die einer einfachen PDF-Datei deutlich überlegen sind. So sind Personalisierungsfunktionen und Downloadmöglichkeiten (insbesondere für Zahlen und Tabellen im Excel-Format) bereits mit relativ geringem Aufwand zu realisieren. Eine Vielzahl von Designagenturen bietet hierfür Lösungen an.

Im Bereich der Hauptversammlung bieten sich weitere Möglichkeiten zur effizienten Nutzung der Internettechnologie. Nicht zuletzt aufgrund der Globalisierung des Kapitalmarkts sind die Präsenzen auf den Hauptversammlungen deutscher Aktiengesellschaften in den letzten Jahren deutlich gesunken. Es ist leicht vorstellbar, dass Investoren aus USA die Anreise zu einer Hauptversammlung in Deutschland allein schon aufgrund der hohen Reisekosten scheuen.

Um wirklich allen Anteilseignern die Möglichkeit zu geben, die Hauptversammlung live mitzuverfolgen, gehen mehr und mehr Unternehmen dazu über, eine Übertragung via Internet anzubieten. Größere Börsenvertreter wagen sich sogar bereits an die virtuelle Hauptversammlung, in der Aktionäre aus der Ferne ihre Stimmrechte über das Internet ausüben können.

Der Prozess der Stimmrechtsausübung durch eine von Unternehmen als Dienstleistung angebotene Plattform wird in der Fachliteratur als Proxy-Voting bezeichnet. Proxy-Voting ist im angloamerikanischen Raum bereits gängige Praxis. Auch in Deutschland hat es durch die Verhaltensempfehlung im Deutschen Corporate Governance Kodex zur Installation eines Stimmrechtsvertreters der Gesellschaft an Bedeutung gewonnen. Es versteht sich von selbst, dass für Proxy-Voting über das Internet enorme Anforderungen an Hard- und Software gestellt werden. Daher ist auch dieser Service eine Frage des Budgets.

Auch die beliebten Telefonkonferenzen für Analysten, Journalisten oder Investoren können mittels sinnvoller Nutzung des Mediums Internet deutlich aufgewertet werden. So kann die Übertragung im Internet (so genanntes Streaming) heute auch durch eine Führung durch eine vorbereitete Präsentation ergänzt werden. Hierzu wird meist ein geschlossener Bereich eingerichtet, den eingeladene Teilnehmer mittels eines individuellen Zugangscodes aufrufen. Dort verfolgt der Teilnehmer zum einen die Konferenz akustisch, zum anderen sieht er auf dem Bildschirm die Präsentation, durch die das Unternehmen als Gastgeber durch führt. Sobald der Leiter der Konferenz eine Seite weiterblättert, wird auch im Internet automatisch weitergeblättert. Dies hat den Vorteil, dass alle Teilnehmer der Präsentation folgen und auf dem gleichen Stand sind.

Obwohl das Internet zahlreiche Möglichkeiten bietet, den Anwender stärker mit einzubinden, bleiben bis heute viele Möglichkeiten ungenutzt. In vielen Fällen ist es sicher eine Frage des Budgets. Häufig kann aber auch mit kleineren Mitteln und durch etwas Kreativität ein nahezu vergleichbarer Service geboten werden.

5.3   Exkurs: Agenturbriefing

Egal ob für Broschüren, Internetauftritt, Geschäfts- oder Zwischenberichte: Häufig wird für den kreativen Teil dieser Projekte auf die Unterstützung von externen Sachverständigen, meist Agenturen zurückgegriffen. Das Ergebnis dieser Dienstleistung wird jedoch in hohem Maße durch das Agenturbriefing beeinflusst.

Das Briefing weist die Agentur umfassend in alle relevanten Fakten, Hintergründe und Meinungen, welche für den Auftrag von Bedeutung sind, ein und dient weiterhin als Arbeitsrichtlinie für alle Beteiligten.

Die wichtigsten Elemente eines **Agenturbriefings** sind:

- Situationsanalyse
- Zielformulierung
- Zielgruppenbeschreibung
- Rahmenbedingungen
- Budget
- Definition der Aufgabenbeschreibung
- Terminplan

Unterschätzen Sie nicht die Bedeutung des Agenturbriefings. Es ist mehr als nur ein „Auftragspapier" oder eine Auflistung von Einzelzielen. Bedenken Sie, dass dieses Instrument zum zentralen Ausgangspunkt für die Mitarbeiter der Agentur wird.

Versuchen Sie, der Agentur neben Produkten und Markt auch Ihr Unternehmen nahezubringen, und gewähren Sie ihr einen Einblick in die Identität Ihres Hauses. Zeigen Sie die Stärken und Schwächen bei speziellen Leistungen oder Produkten und sprechen Sie im Briefing auch über Tradition, Führungsstil, Erscheinungsbild und über die Unternehmenskultur. Das Briefing soll auch das Selbstverständnis Ihrer Firma zum Ausdruck bringen.

Abhängig von der Art des Projekts gibt es verschiedene Anforderungen an das Agenturbriefing. So sind beispielsweise die relevanten Informationen für eine Werbekampagne anders als die für die Erstellung einer neuen Internetpräsenz.

Die nachfolgende Checkliste liefert daher nur erste Anhaltspunkte über die wichtigsten Bereiche, die ein Briefing umfasst, und muss je nach Projekt eventuell ergänzt werden.

Checkliste Agenturbriefing

Auftraggeber: _____

Datum: _____

Projektbezeichnung: _____

Projektnummer: _____

Verteiler Briefing:_____

1. Situationsanalyse – Status quo

Die Situationsanalyse beschreibt die unternehmerische Gesamtsituation, welche in drei Teile untergliedert wird: Markt, Wettbewerb und Unternehmen/Leistungsportfolio.

Markt:

- Markenbekanntheit
- Marktdefinition
- Marktkennzahlen (Marktanteil, Marktvolumen)
- Trends

- Umweltfaktoren
- juristische Restriktionen und Vorgaben

Wettbewerb:
- Beschreibung der Konkurrenzsituation
- Marktstellung
- Marktanteile

Unternehmen/Leistungsportfolio:
- Unternehmensgeschichte
- Unternehmensstrategie
- USP (Unique Selling Proposition – Wettbewerbsvorteil eines Produktes)
- Positionierung
- Marketinginstrumentarium:
    - Produkt- und Programmpolitik (Innovation, Qualität und Service)
    - Distributionspolitik
      (Versandhandel, E-Commerce, stationärer Handel, Filialnetz)
    - Kontrahierungspolitik (Preise, Konditionen)
    - Kommunikationspolitik
      (klassische – und nicht-klassische Kommunikation)

2. Ziele

Marketingziele:
- Absatz
- Gewinn
- Umsatz
- Marktanteil
- Rentabilität

Kommunikationsziele:

- Bekanntheitsgrad
- Image
- Inhalte und Botschaften

3. Zielgruppenbeschreibung

Die Beschreibung und Definition der Kernzielgruppe ist sehr wichtig, denn nur dann ist eine gezielte Ansprache möglich.

4. Rahmenbedingungen

- öffentlich-rechtliche Vorschriften (UWG, URG)
- Branchenregelungen
- Stil-Elemente
- Corporate Design (Farben, Schrifttypen, Slogan)

5. Budget

- Angabe über die Höhe des Etats

6. Definition der Aufgabenstellung

- genaue Beschreibung des zu lösenden Problems
- Welche Leistungen soll die Agentur erbringen?
- Angaben über einzuhaltende Corporate Design-Vorgaben
- Auflistung der Ansprechpartner von externen Dienstleistern und involvierten Mitarbeitern im Unternehmen und deren Koordinaten

7. Terminplan

- Zeitrahmen festlegen:
  - Rebriefing
  - Zwischenabstimmungen

- Präsentation
- Übersetzungen
- Produktion

5.4   Geschäftsbericht

Der Geschäftsbericht ist eine der wichtigsten Informationsquellen für Aktionäre über Strategie, Tätigkeit und Erfolg des Unternehmens. Sein Mindestumfang und Inhalt ergibt sich aus den Vorschriften des deutschen Handelsgesetzbuches.

Der Inhalt der Veröffentlichung ist abhängig von der Größe der Gesellschaft. Er muss zumindest eine Bilanz und einen erläuternden Anhang enthalten. Bei größeren Gesellschaften sind außerdem vorgeschrieben:

- Ein vollständiger Jahresabschluss einschließlich Gewinn- und Verlustrechnung (GuV)
- Ein Lagebericht
- Der Bericht des Aufsichtsrats
- Vorschlag und Beschluss über die Gewinnverwendung
- Bei prüfungspflichtigen Unternehmen ein Bestätigungsvermerk des Abschlussprüfers

Auf börsennotierte Gesellschaften treffen grundsätzlich die Anforderungen an größere Kapitalgesellschaften zu. Darüber hinaus ergeben sich aus verschiedenen Vorschriften wie dem Aktiengesetz oder dem Corporate Governance Kodex weitere Inhalte, wie beispielsweise die Corporate Governance Erklärung. Zwar ist im Gesetz lediglich verankert, dass sich im Anhang des Jahresabschlusses ein Hinweis darauf befinden muss, dass die Erklärung ordnungsgemäß abgegeben wurde. Es ist aber durchaus wünschenswert, an anderer Stelle auch die vollständige Erklärung wiederzugeben. Meistens enthalten Geschäftsberichte über die gesetzlich vorgeschriebenen Angaben hinaus ohnehin auch freiwillige Angaben, die noch ausführlichere Finanzinformationen liefern oder der Selbstdarstellung des Unternehmens dienen. Vorgeschriebener und freiwilliger Teil des Berichts müssen klar getrennt sein.

Während der Jahresabschluss in seiner Form und im Inhalt weitestgehend vorgegeben ist, lässt der Lagebericht mehr Raum für Kreativität und Ausführlichkeit. Er ist sozusagen das Herzstück des Geschäftsberichts. Auf die Bestandteile des Lageberichts kommen wir später zurück.

Offenlegungspflichten

Die Veröffentlichung des Geschäftsberichts muss nach den Anforderungen der Frankfurter Wertpapierbörse innerhalb von vier Monaten nach Abschluss des Geschäftsjahres erfolgen. Unterwirft sich Ihr Unternehmen dem Deutschen Corporate Governance Kodex, verkürzt sich die Frist auf 90 Tage, also sprich drei Monate, nach dem Bilanzstichtag. Für ein Unternehmen, dessen Geschäftsjahr das Kalenderjahr ist, bedeutet dies, dass spätestens am 31. März des Folgejahres ein vollständiger Geschäftsbericht verfügbar sein muss.

Jahresabschluss, Lagebericht, Bericht des Aufsichtsrats, die nach § 161 Aktiengesetz vorgeschriebene Erklärung zum Corporate Governance Kodex (wie weiter oben erwähnt Bestandteil des Jahresabschlusses) sowie der Ergebnisverwendungsvorschlag sind im elektronischen Bundesanzeiger zu veröffentlichen. Während bis zum Jahr 2006 nur Einreichungen in Papierform akzeptiert wurden, die anschließend durch den Bundesanzeiger Verlag abgetippt wurden, hat der Gesetzgeber nun doch die Zeichen der Zeit erkannt und fordert fortan die elektronische Übermittlung. Das gängige PDF-Format wird leider nicht anerkannt bzw. nur gegen Aufpreis entgegengenommen.

Achtung!

Mit Inkrafttreten des Transparenzrichtlinie-Umsetzungsgesetzes (TUG) Anfang 2007 wurde die Frist zur Veröffentlichung im elektronischen Bundesanzeiger für börsennotierte Unternehmen von zwölf auf vier Monate herabgesetzt. Nach wie vor gilt das Datum der Einreichung.

Jahresabschlüsse, Konzernabschlüsse und sonstige Rechnungslegungsunterlagen sind seit dem Jahr 2007 gemäß § 325 HGB nicht mehr beim Registergericht, sondern beim Betreiber des elektronischen Bundesanzeigers in Dateiform einzureichen. Dadurch werden die Registergerichte von einem erheblichen Verwaltungsaufwand entbunden.

Das Bundesministerium für Justiz, das gleichzeitig Betreiber des elektronischen Bundesanzeigers ist, prüft, ob die Unterlagen vollständig eingereicht worden sind. Neu ist, dass auch die fristgemäße Einreichung der Unterlagen geprüft wird.

Die unterlassene, unrichtige, unvollständige oder nicht fristgemäße Einreichung der Unterlagen ist ebenfalls seit 2007 bußgeldbewährt (bis zu 50.000 Euro). Bisher wurde hier lediglich ein Ordnungsgeld festgesetzt.

Die eingereichten Unterlagen werden im elektronischen Bundesanzeiger bekannt gemacht.

Die Vorbereitungs- und Konzeptionsphase

Im Wettbewerb um Kapital und Mitarbeiter sowie zur Unterstützung der Öffentlichkeitsarbeit hat sich der Geschäftsbericht in den vergangenen Jahren mehr und mehr von einer Pflichtübung zum wichtigen Marketinginstrument börsennotierter Unternehmen entwickelt. Neben Fakten wird inzwischen auch das Image der Gesellschaft oder ihrer Marken über ihn transportiert. Er ist sozusagen für ein Jahr die Visitenkarte des Unternehmens.

Wer dies berücksichtigt, kann sich vorstellen, dass die Konzeption des Geschäftsberichts einige Zeit in Anspruch nimmt. Daher sollte bereits frühzeitig im Jahresverlauf ein Projektteam bestimmt werden, das für die Erstellung des Geschäftsberichts verantwortlich ist. Üblicherweise besteht dieses Team aus Mitgliedern aus den Bereichen Investor Relations, Public Relations oder Öffentlichkeitsarbeit und Marketing. Dadurch ist gewährleistet, dass Corporate Design, Corporate Identity und Tonalität im Bericht Anwendung finden. Die wichtigste und zugleich schwierigste Aufgabe dieses Teams liegt in der Formulierung eines Leitmotivs für den Geschäftsbericht.

Praxistipp

Schon zu Beginn der zweiten Hälfte des Geschäftsjahres sollte das Projektteam erste Treffen vereinbaren, bei denen in einer Art Brainstorming die wichtigsten Ereignisse des Berichtszeitraums diskutiert werden. Häufig ergibt sich daraus bereits ein passendes Leitmotiv für den Geschäftsbericht:

– Wurde zum Beispiel eine erfolgreiche Restrukturierung durchgeführt?
– Wurden neue geografische Märkte angegangen?
– Gab es besondere Akquisitionen?
– Wurden innovative Produkte vorgestellt?
– Wurde die allgemeine Markstellung verbessert oder etabliert?
– Wurden neue bedeutende Kunden akquiriert?
– Sollen einzelne Mitarbeiter vorgestellt werden, um das Unternehmen greifbarer und persönlicher zu machen usw.?

Ist die grobe Stoßrichtung gefunden, wird ein Arbeitstitel formuliert, der im weiteren Verlauf des Jahres mehr und mehr verfeinert wird. Auch die Höhe des vorhandenen Budgets sollte bereits hier festgelegt werden. Auf dieser Basis wird ein Grobkonzept definiert, das zum einen die wichtigsten Kernbotschaften beinhaltet und zum anderen bereits eine erste Struktur des Berichts.

Praxistipp

Halten Sie die Ergebnisse Ihrer Sitzungen grundsätzlich in Protokollen fest, die an alle Teilnehmer verteilt werden. Nur so ist gewährleistet, dass beim nächsten Treffen alle Projektbeteiligten auf dem gleichen Stand sind, denn zwischen den Treffen können aufgrund gut gefüllter Terminkalender schnell mehrere Wochen vergehen.

Im nächsten Schritt wird eruiert, wie das Leitmotiv gestalterisch umgesetzt werden kann. Die meisten Unternehmen bedienen sich hierzu einer Designagentur. Viele dieser Dienstleistungsunternehmen haben sich auf Finanzkommunikation spezialisiert.

Wichtige Kriterien für die optimale Gestaltung des Geschäftsberichts sind Lesbarkeit, Einbindung in das Corporate Design und Zweckmäßigkeit von Tabellen und Grafiken. Eine sinnvolle Ergänzung ist auch die Integration einer zweiten Leseebene für den Schnellleser. Kaum ein Adressat des Geschäftsberichts benötigt wirklich alle Informationen, die dieser liefert, und viele haben auch einfach nicht die Zeit, sich das gesamte Werk zu Gemüte zu führen. Für diese Leser ist es ein gern gesehener Service, wenn eine solche Schnellleseebene angeboten wird, an der sie sich orientieren können, so dass sie nur die Kapitel vollständig lesen müssen, die für sie von Bedeutung sind. Als Möglichkeiten bieten sich hier die Verwendung von Zwischenüberschriften an, Marginalien oder Kurzzusammenfassungen zu Beginn eines jeden Kapitels.

Die Deutsche Börse löst dies zum Beispiel durch die stichwortartige Hervorhebung der Highlights zu Beginn eines jeden Kapitels in Kombination mit Zwischenüberschriften (siehe Abbildung 3).

Hilfreich ist außerdem eine übersichtliche Navigation. Diese muss gewährleisten, dass der Leser jederzeit weiß, in welchem Kapitel und Unterkapitel er sich befindet. Darüber hinaus kann sie helfen, bestimmte Kapitel zu finden, ohne dafür jedes Mal in das Inhaltsverzeichnis blicken zu müssen. Ein Mittel hierfür ist beispielsweise, die Seitenränder zu beschneiden, so dass eine Art Register entsteht.

In diesem Stadium sollten Sie sich auch bereits Gedanken über die mögliche Verwendung von Fotos machen. Kommen Sie zu dem Schluss, dass Fotos die Visualisierung Ihres Leitmotivs oder Ihrer Kernbotschaften unterstützen, steht dem Einsatz nichts entgegen. In manchen Fällen kann auch eine anderweitige Illustration Sinn ergeben. Der weit überwiegende Teil der Geschäftsberichte ist aber mit Fotos ausgestattet.

Zunächst sollte daher vorhandenes Fotomaterial gesichtet werden. Neben dem eigentlichen Motiv sind auch eine einheitliche Fotoauffassung, Schärfe bzw. Unschärfe und die Qualität des Materials von Bedeutung. Bilder, die Kollegen bei der letzten Betriebsfeier mit ihrer Digitalkamera geschossen haben, mögen zwar je nach Konzept vom Motiv her passend sein, scheiden aber in der Regel aufgrund der Kriterien Qualität und Auflösung aus.

Ist das Fotokonzept definiert, wird der Bedarf an neuen Fotos festgelegt und ein geeigneter Fotograf ausgesucht. Sie werden feststellen, dass jeder Fotograf über eine andere Fotoauffassung verfügt und darüber hinaus verschiedene Spezialgebiete hat. Der eine inszeniert Industrieanlagen, der nächste ist besonders talentiert bei Portraitaufnahmen von Menschen.

Praxistipp

Referenzmaterial verschiedener Fotografen sollten Sie sich nicht nur während der Erstellung des Geschäftsberichts geben lassen, sondern über den gesamten Jahresverlauf sammeln. So verfügen Sie dann über eine vielfältige Auswahl.

50 | Mitarbeiterinnen und Mitarbeiter

Mitarbeiterinnen und Mitarbeiter: Die Menschen hinter den Zahlen

- Internationales Team mit ausgeprägtem Leistungswillen
- Qualifiziertes Mitarbeitergespräch gruppenweit eingeführt
- Mitarbeiter am Unternehmenserfolg beteiligt

Mit ihren engagierten Mitarbeiterinnen und Mitarbeitern hat sich die Gruppe Deutsche Börse zu einer der modernsten Börsenorganisationen weltweit entwickelt. 2.966 Menschen aus 53 Nationen beschäftigt die Gruppe – in Frankfurt und Luxemburg sowie an weiteren 13 Standorten: ein dynamisches, motiviertes und leistungsfähiges Team.

Die Gruppe Deutsche Börse ist ein Hightech-Unternehmen, dessen Geschäftsmodell auf der Effizienz elektronischer Systeme basiert. Aber es sind die Menschen, die das Geschäftsmodell so erfolgreich umsetzen: Sie meistern herausfordernde Aufgaben, prägen die Unternehmenskultur mit Verantwortungsbewusstsein, Einsatzbereitschaft, Flexibilität und dem Willen, Besonderes zu leisten – und wissen die Chancen zu nutzen, die sich ihnen im Unternehmen bieten. Sie streben nicht in erster Linie danach, Bestehendes zu bewahren, sondern stellen es auf den Prüfstand, um Zukunft zu gestalten.

Leistungswillen und Know-how den Weg bereiten: Führen und Fördern
Schon beim Betreten der Bürogebäude an den beiden Hauptstandorten der Deutschen Börse spüren Besucher die energiegeladene Atmosphäre – in der Neuen Börse in Frankfurt mit ihrer Multimediawand im Foyer ebenso wie in The Square in Luxemburg. In der offenen Büroarchitektur an allen Standorten sitzen die Manager in unmittelbarer Nachbarschaft zu ihren Mitarbeitern; die kurzen Wege fördern Kommunikation und Kooperation.

Die Gruppe Deutsche Börse pflegt eine offene, dialogorientierte Führungskultur. Seit dem vergangenen Jahr wird die individuelle Leistung jedes Mitarbeiters anhand eines einheitlichen, verbindlichen Systems bewertet. Auf Basis einer vorherigen Kompetenzeinstufung durch den Vorgesetzten entwickeln Manager und Mitarbeiter in einem strukturierten Gespräch gemeinsam Ziele für den Mitarbeiter und besprechen Wege, wie er diese erreichen und sein Potenzial noch besser entfalten kann. Die Beschäftigten erhalten durch dieses transparente Verfahren Impulse für ihre berufliche und persönliche Entwicklung. Das Unternehmen wiederum kann sie gezielt fördern und entsprechend ihren Stärken optimal einsetzen. Das System gilt gruppenweit für alle Mitarbeiter: Auch die Manager der obersten Führungsebene werden daran gemessen, inwiefern sie zuvor vereinbarte Ziele erreicht haben.

Im globalen Wettbewerb sind qualifizierte Mitarbeiterinnen und Mitarbeiter essenziell. Daher hat die Gruppe Deutsche Börse ein umfangreiches Trainingsprogramm – zunehmend auch per E-Learning – geschaffen, das sie kontinuierlich weiter optimiert. Pro Mitarbeiter investierte das Unternehmen 2006 durchschnittlich drei Tage in die Weiterbildung. Besonders talentierte Mitarbeiter fördert die Gruppe Deutsche Börse im Rahmen eines High Potential-Programms. Die High Potentials bilden einen Pool von Ideengebern für das Top Management und arbeiten gemeinsam an übergeordneten strategischen Themen. In Netzwerktreffen, Mentorengesprächen mit der obersten Führungsebene, gruppenweiten Projekteinsätzen und individuellen Trainings bereiten sie sich auf Führungsaufgaben im Unternehmen vor.

Quelle: Deutsche Börse AG
Abbildung 3: *Geschäftsbericht 2006 der Deutsche Börse AG*

Berichtsstrukturierung

Ist das Konzept definiert, folgt die eigentliche Erstellung des Berichts. Zunächst sollte eine sinnvolle Struktur des Geschäftsberichts definiert werden. Zur Pflicht gehören in den Geschäftsbericht neben der Bilanz und Gewinn- und Verlust-Rechnung der Anhang, der Lagebericht, der Bericht des Aufsichtsrats und der

Bestätigungsvermerk des Abschlussprüfers. Dies ist das absolute gesetzliche Minimum, das sich aus dem Handelsgesetzbuch ergibt. Kürzer kann ein Geschäftsbericht nicht sein.

Da jedoch die Produktion und die damit anfallenden Kosten ohnehin unumgänglich sind, bietet es sich an, den Geschäftsbericht zu nutzen, um weitergehende Informationen an die Aktionäre zu übermitteln, also neben Pflicht- auch einen Kürteil zu ergänzen. Der Mehraufwand für die zusätzlichen Seiten ist nur gering.

Die Leser von Geschäftsberichten sind es von den meisten Aktiengesellschaften gewohnt, dass sich der freiwillige Teil, die Kür, im vorderen Bereich und der Pflichtteil im hinteren Teil eines Geschäftsberichts befindet. Es sollte diesem Grundschema daher gefolgt werden. Auch optisch sollten Pflicht und Kür klar voneinander abgegrenzt werden, z.B. durch die Verwendung unterschiedlicher Papiersorten oder durch den Seitenaufbau.

Am Anfang des Geschäftsberichts sollte das Vorwort bzw. der „Brief an die Aktionäre" als Einleitung und Begrüßung stehen. Eine Vorstellung der übrigen Organmitglieder ist für viele Aktionäre ebenfalls hilfreich, wenn diese beispielsweise erst kürzlich Aktien Ihres Unternehmens erworben haben.

Ebenfalls bieten sich als Ergänzung zum Pflichtteil die Darstellung und Erläuterung einzelner Geschäftsfelder an, ein Mehrjahresüberblick der wichtigsten Finanzkennzahlen, ein Überblick über die Historie des Unternehmens und die Meilensteine des Berichtsjahres, Informationen zur Aktie und Berichte über soziales, gesellschaftliches oder ökologisches Engagement.

Die Möglichkeiten, einen Geschäftsbericht sinnvoll zu ergänzen, sind vielfältig. Bei jeder zusätzlichen Information sollte aber bedacht werden, dass sie aufgrund ihres Veröffentlichungsortes (nämlich im Geschäftsbericht) die gleiche hohe Wertigkeit erhält wie der Pflichtteil. Daher muss jede Aussage stets dahingehend hinterfragt werden, ob sie eine wichtige Information enthält oder eher der Kategorie Werbung/Marketing zuzuordnen ist. Und auch, wenn sich daraus keine gesetzlichen Folgen ergeben, haben Fehler im Kürteil die gleiche negative Imagewirkung wie im Pflichtteil.

Vorschriften zur Erstellung des Lageberichts

Die Erstellung des Lageberichts ist im deutschen Recht durch das Handelgesetzbuch geregelt. Zu den Inhalten macht das HGB folgende Vorschriften:

§ 289 HGB:

(1) Im Lagebericht sind der Geschäftsverlauf einschließlich des Geschäftsergebnisses und die Lage der Kapitalgesellschaft so darzustellen, dass ein den tatsächlichen Verhältnissen entsprechendes Bild vermittelt wird. Er hat eine ausgewogene und umfassende, dem Umfang und der Komplexität der Geschäftstätigkeit entsprechende Analyse des Geschäftsverlaufs und der Lage der Gesellschaft zu enthalten.

In die Analyse sind die für die Geschäftstätigkeit bedeutsamsten finanziellen Leistungsindikatoren einzubeziehen und unter Bezugnahme auf die im Jahresabschluss ausgewiesenen Beträge und Angaben zu erläutern.

Ferner ist im Lagebericht die voraussichtliche Entwicklung mit ihren wesentlichen Chancen und Risiken zu beurteilen und zu erläutern; zu Grunde liegende Annahmen sind anzugeben.

Die gesetzlichen Vertreter einer Kapitalgesellschaft [...] haben zu versichern, dass nach bestem Wissen im Lagebericht der Geschäftsverlauf einschließlich des Geschäftsergebnisses und die Lage der Kapitalgesellschaft so dargestellt sind, dass ein den tatsächlichen Verhältnissen entsprechendes Bild vermittelt wird, und dass die wesentlichen Chancen und Risiken im Sinne des Satzes 4 beschrieben sind.

(2) Der Lagebericht soll auch eingehen auf:

1. Vorgänge von besonderer Bedeutung, die nach dem Schluss des Geschäftsjahrs eingetreten sind;

2. a) die Risikomanagementziele und -methoden der Gesellschaft einschließlich ihrer Methoden zur Absicherung aller wichtigen Arten von Transaktionen [...], sowie

b) die Preisänderungs-, Ausfall- und Liquiditätsrisiken sowie die Risiken aus Zahlungsstromschwankungen, denen die Gesellschaft ausgesetzt ist [...];

3. den Bereich Forschung und Entwicklung;

4. bestehende Zweigniederlassungen der Gesellschaft;

5. die Grundzüge des Vergütungssystems der Gesellschaft für die in § 285 Satz 1 Nr. 9 genannten Gesamtbezüge, soweit es sich um eine börsennotierte Aktiengesellschaft handelt. [...]

(3) Bei einer großen Kapitalgesellschaft (§ 267 Abs. 3) gilt Absatz 1 Satz 3 entsprechend für nichtfinanzielle Leistungsindikatoren, wie Informationen über Umwelt- und Arbeitnehmerbelange, soweit sie für das Verständnis des Geschäftsverlaufs oder der Lage von Bedeutung sind.

(4) Aktiengesellschaften und Kommanditgesellschaften auf Aktien, die einen organisierten Markt im Sinne des § 2 Abs. 7 des Wertpapiererwerbs- und Übernahmegesetzes durch von ihnen ausgegebene stimmberechtigte Aktien in Anspruch nehmen, haben im Lagebericht anzugeben:

1. die Zusammensetzung des gezeichneten Kapitals; bei verschiedenen Aktiengattungen sind für jede Gattung die damit verbundenen Rechte und Pflichten und der Anteil am Gesellschaftskapital anzugeben;

2. Beschränkungen, die Stimmrechte oder die Übertragung von Aktien betreffen, auch wenn sie sich aus Vereinbarungen zwischen Gesellschaftern ergeben können, soweit sie dem Vorstand der Gesellschaft bekannt sind;

3. direkte oder indirekte Beteiligungen am Kapital, die 10 vom Hundert der Stimmrechte überschreiten;

4. die Inhaber von Aktien mit Sonderrechten, die Kontrollbefugnisse verleihen; die Sonderrechte sind zu beschreiben;

5. die Art der Stimmrechtskontrolle, wenn Arbeitnehmer am Kapital beteiligt sind und ihre Kontrollrechte nicht unmittelbar ausüben;

6. die gesetzlichen Vorschriften und Bestimmungen der Satzung über die Ernennung und Abberufung der Mitglieder des Vorstands und über die Änderung der Satzung;

7. die Befugnisse des Vorstands insbesondere hinsichtlich der Möglichkeit, Aktien auszugeben oder zurückzukaufen;

8. wesentliche Vereinbarungen der Gesellschaft, die unter der Bedingung eines Kontrollwechsels infolge eines Übernahmeangebots stehen, und die hieraus folgenden Wirkungen; die Angabe kann unterbleiben, soweit sie geeignet ist, der Gesellschaft einen erheblichen Nachteil zuzufügen; die Angabepflicht nach anderen gesetzlichen Vorschriften bleibt unberührt;

9. Entschädigungsvereinbarungen der Gesellschaft, die für den Fall eines Übernahmeangebots mit den Mitgliedern des Vorstands oder Arbeitnehmern getroffen sind.

Die meisten börsennotierten Unternehmen sind darüber hinaus verpflichtet, nach internationalen Rechnungslegungsstandards zu bilanzieren. In Europa gehört IFRS (International Financial Reporting Standards) zu den geläufigsten Rechnungslegungsvorschriften. Aus ihrer Anwendung ergeben sich meist weitere Vorschriften bezüglich Aufbau und Inhalt des Lageberichts.

Insbesondere liegt ein Schwerpunkt auf der Prognoseberichterstattung. Einzelheiten zur Anwendung finden sich in den Deutschen Rechnungslegungs Standards (DRS), die im Internet unter http://www.standardsetter.de/ abrufbar sind. Ein regelmäßiger Blick auf diese Internetseite lohnt sich also. Die folgende Checkliste führt die Angaben auf, die für einen Lagebericht empfohlen werden.

Checkliste für einen Lagebericht nach DRS 15

✓ Geschäfts- und Rahmenbedingungen:

– Organisatorische und rechtliche Struktur
– Geschäftstätigkeit/Produkte
– Wesentliche Absatzmärkte
– Wettbewerbssituation
– Wesentliche Einflussfaktoren (rechtlich und/oder wirtschaftlich)
– Forschungs- und Entwicklungsaktivitäten
– Marktbericht: Gesamtwirtschaftliche und branchenspezifische Rahmenbedingungen
– Ereignisse, die den Geschäftsverlauf wesentlich beeinflusst haben
– Entwicklung von Marktanteilen bzw. Entwicklung relativ zur Branchenentwicklung

✓ Ertrags-, Finanz- und Vermögenslage

– Darstellung der Ergebnisentwicklung und der Ergebnisstruktur
– Ursachen für wesentliche Veränderungen
– Darstellung und Quantifizierung ungewöhnlicher Ereignisse und Einmaleffekte sowie ökonomischer Veränderungen, die nachhaltig die Ertragslage beeinflussen könnten
– Darstellung der wesentliche Einflussfaktoren auf Umsatz,- Ertrags,- und Auftragslage wie z.B. Rohstoffmängel, Personalengpässe, Patente, Abhängigkeiten oder Veränderungen rechtlicher und regulatorischer Rahmenbedingungen
– Preis- und Mengeneinflüsse auf Umsatz und Ergebnis
– Gegebenenfalls Veränderungen in der Struktur einzelner Aufwandsarten wie Materialkosten oder Personalkosten

– Erläuterung der Grundsätze und Ziele des Finanzmanagements
– Analyse der Kapitalstruktur, Angaben zu Konditionen der Verbindlichkeiten
– Erläuterung der Rückstellungen
– Wesentliche Finanzierungsmaßnahmen des Berichtsjahres
– Gegebenenfalls Auswirkungen etwaiger Zinsänderungen
– Darstellung außerbilanzieller Finanzierungsinstrumente
– Darstellung und Analyse der Investitionstätigkeit
– Liquiditätsanalyse
– Fähigkeit des Konzerns, Zahlungsverpflichtungen zu erfüllen
– Darstellung von eingetretenen oder absehbaren Engpässen sowie Erläuterung von Gegenmaßnahmen
– Analyse der Vermögenslage sowie Abweichungen zum Vorjahr

✓ Nachtragsbericht

– Vorgänge von besonderer Bedeutung, die nach Abschluss des Bilanzstichtags eingetreten sind
– Wenn derartige Vorgänge nicht vorhanden waren, muss auch darauf hingewiesen werden.

✓ Risikobericht

– Risikobericht ist eine geschlossene Darstellung und darf nicht mit Chancen- oder Prognosebericht vermengt werden.
– Chancen und Risiken dürfen nicht gegeneinander aufgerechnet werden.
– Der Bericht hat sich auf den Zeitpunkt der Lageberichtserstellung zu beziehen, nicht auf den Bilanzstichtag.
– Hinweise auf mögliche Bestandsgefährdungen
– Risiken, die den Bestand des Unternehmens gefährden, sind als solche Risiken zu kennzeichnen.
– Risikokonzentration (z.B. bestimmte Länder, Kunden etc.)
– Beschreibung der einzelnen Risiken und ihrer möglichen Auswirkungen
– Beschreibung des Risikomanagements
– Beschreibung von Veränderungen gegenüber dem Vorjahr

✓ Prognosebericht

– Voraussichtliche Entwicklung der nächsten beiden Geschäftsjahre
– Prognosecharakter sowie Annahmen und Unsicherheiten bei der voraussichtlichen Entwicklung müssen erkennbar sein.
– Änderungen der Geschäftspolitik
– Erschließung neuer Märkte
– Verwendung neuer Verfahren, z.B. in der Produktion

- Voraussichtliches Investitionsvolumen
- Erwartete finanzwirtschaftliche Entwicklung
- Erwartete Entwicklung der wirtschaftlichen Rahmenbedingungen und der Branche
- Erwartete Entwicklung der Ertragslage und der Finanzlage sowie Erläuterung der Einflussfaktoren
- Gegebenenfalls Darstellung der einzelnen Segmente, sofern vorhanden

Anhand dieser Checkliste können Sie überprüfen, ob Ihr Lagebericht die Mindestanforderungen erfüllt. Der Wirtschaftsprüfer wird Sie gegebenenfalls auf fehlende Angaben hinweisen und Sie auffordern, diese zu ergänzen.

5.5   Zwischenberichte

Im Zuge der Umsetzung der europäischen Transparenzrichtlinie im Januar 2007 hat der deutsche Gesetzgeber erstmals eine segmentübergreifende Pflicht zur vierteljährlichen Berichterstattung börsennotierter Unternehmen eingeführt. Mindestanforderung ist nun die Erstellung eines Halbjahresfinanzberichts und zweier so genannter Zwischenmitteilungen.

Für Unternehmen, deren Aktien im Prime Standard notieren, ergibt sich bereits aus den Anforderungen der Deutschen Börse die Pflicht zur Erstellung von Quartalsfinanzberichten.

Börsennotierte Unternehmen müssen Zeitpunkt und Ort der Veröffentlichung der Zwischenmitteilungen bzw. der Quartalsfinanzberichte bekannt geben und diese Hinweisbekanntmachung der BaFin und dem Unternehmensregister zuleiten.

Die Zwischenmitteilung ist am zuvor benannten Ort zu veröffentlichen und unverzüglich – jedoch nicht vor der Veröffentlichung der Hinweisbekanntmachung – dem Unternehmensregister zur Speicherung zu übermitteln.

Für Zwischenberichte besteht keine Pflicht zur Abschlussprüfung, jedoch wird für den Halbjahresfinanzbericht eine so genannte prüferische Durchsicht empfohlen. Diese kann aber freiwillig veranlasst werden. Das Ergebnis muss in einer Bescheinigung zusammengefasst werden. Diese ist mit dem Halbjahresfinanzbericht zu veröffentlichen. Findet weder eine prüferische Durchsicht noch eine Abschlussprüfung statt, ist auch dies im Halbjahresfinanzbericht anzugeben.

Eine prüferische Durchsicht ist vorrangig auf Befragungen von Mitarbeitern und analytische Beurteilungen beschränkt und bietet deshalb nicht die durch eine vollständige Prüfung erreichbare Sicherheit. Entsprechend wird auch kein Bestätigungsvermerk durch den Wirtschaftsprüfer erstellt, sondern lediglich eine Bescheinigung.

Für die Wahl des Prüfers der Halbjahresfinanzberichte gelten dieselben Vorschriften wie für die Abschlussprüfung. Der Prüfer für die prüferische Durchsicht ist durch einen separaten Hauptversammlungsbeschluss zu wählen. Einen entsprechenden Vorschlag hat der Aufsichtsrat des Unternehmens zu unterbreiten.

Ob eine prüferische Durchsicht für die Halbjahres- und die Quartalsfinanzberichte erfolgt, entscheidet nach der gesetzlichen Aufgabenverteilung mangels einer anderweitigen Vorschrift der Vorstand. In der Praxis dürfte die Entscheidung des Vorstands jedoch in Abstimmung mit dem Aufsichtsrat erfolgen.

Inhaltlich hat ein **Zwischenbericht mindestens folgende Angaben** zu enthalten:

- Eine Bilanz zum Ende der aktuellen Zwischenberichtsperiode und eine vergleichende Bilanz zum Ende des unmittelbar vorangegangenen Geschäftsjahres

- Eine Gewinn- und Verlustrechnung für die aktuelle Zwischenberichtsperiode und eine vom Beginn des aktuellen Geschäftsjahres bis zum Zwischenberichtstermin kumulierte Gewinn- und Verlustrechnung mit vergleichenden Gewinn- und Verlustrechnungen für die vergleichbaren Zwischenberichtsperioden des unmittelbar vorangegangenen Geschäftsjahres

- Eine Aufstellung, die Veränderungen des Eigenkapitals vom Beginn des aktuellen Geschäftsjahres bis zum Zwischenberichtstermin zeigt mit einer vergleichenden Aufstellung für die vergleichbare Berichtsperiode vom vorangegangenen Geschäftsjahr

- Eine vom Beginn des aktuellen Geschäftsjahres bis zum Zwischenberichtstermin erstellte Kapitalflussrechnung, mit einer vergleichenden Aufstellung für die entsprechende Vorjahresperiode

- Erläuternde Anhangsangaben

Zu den Anhangsangaben gehören beispielsweise Änderungen in den Bilanzierungs- und Bewertungsmethoden, Angaben zur Saisonalität oder Konjunkturabhängigkeit der Geschäftstätigkeit, ungewöhnliche Positionen oder wesentliche Ereignisse nach dem Ende der Zwischenberichtperiode.

Der Halbjahresfinanzbericht muss neben einem verkürzten Abschluss einen Zwischenlagebericht sowie die Versicherung der Richtigkeit (auch bekannt als Bilanzeid) enthalten.

5.6   Muster für den Bilanzeid

In Anlehnung an den US-amerikanischen Sarbanes-Oxley Act führte das Transparenzrichtlinie-Umsetzungsgesetz (TUG) für börsennotierte Unternehmen einen so genannten „Bilanzeid" ein.

Mit dem Bilanzeid wird versichert, dass der Jahresabschluss bzw. der verkürzte Abschluss ein den tatsächlichen Verhältnissen entsprechendes Bild der Vermögens-, Finanz- und Ertragslage der Kapitalgesellschaft vermittelt. Bei Aktiengesellschaften obliegt die Abgabe der Versicherung dem Vorstand.

Bei Lageberichten erstreckt sich die Erklärung auf den Geschäftsverlauf (einschließlich Geschäftsergebnisse und Lage) sowie zusätzlich auf die Beschreibung der wesentlichen Chancen und Risiken und auf die voraussichtliche Entwicklung der Gesellschaft. Ist der Emittent zudem zu einem Konzernabschluss verpflichtet, so sind diese Entsprechungserklärungen auch für den Konzernabschluss und den Konzernlagebericht abzugeben. Die Versicherung wird durch die Formulierung eingeschränkt, dass die Aussage „nach bestem Wissen" erfolgt. Dieser Vorbehalt soll zum Ausdruck bringen, dass nur vorsätzliches und nicht auch fahrlässiges Handeln bei Abgabe der Erklärung rechtliche Folgen auslösen soll.

Die Abgabe des Bilanzeids ist fällig, wenn der Jahres- und der Konzernabschluss unterzeichnet werden.

Falschangaben werden mit Freiheitsstrafe von bis zu drei Jahren oder mit Geldstrafe geahndet, während die Nichtabgabe lediglich eine Ordnungswidrigkeit darstellt.

Folgende Unterlagen sind von der Neueinführung des Bilanzeids betroffen:

- Jahresabschluss
- Lagebericht
- Konzernabschluss
- Konzernlagebericht

- Verkürzter Abschluss des Halbjahresfinanzberichts

- Zwischenlagebericht des Halbjahresfinanzberichts

Die großen Wirtschaftsprüfungsunternehmen schlagen folgende Formulierung für den Bilanzeid vor:

> „Nach bestem Wissen versichern wir, dass gemäß den anzuwendenden Rechnungslegungsgrundsätzen für die Zwischenberichterstattung der Konzernzwischenabschluss ein den tatsächlichen Verhältnissen entsprechendes Bild der Vermögens-, Finanz- und Ertragslage des Konzerns vermittelt und im Konzernzwischenlagebericht der Geschäftsverlauf einschließlich des Geschäftsergebnisses und die Lage des Konzerns so dargestellt sind, dass ein den tatsächlichen Verhältnissen entsprechendes Bild vermittelt wird, sowie die wesentlichen Chancen und Risiken der voraussichtlichen Entwicklung des Konzerns im verbleibenden Geschäftsjahr beschrieben sind."

5.7   Direkte Investorenansprache

Das gängigste Mittel zur direkten Investorenansprache ist die Roadshow. Die Roadshow ist wesentlicher Bestandteil professioneller Investor Relations und ist in der Regel organisatorisch bei der Investor Relations Abteilung angesiedelt.

Eine Roadshow bezeichnet in der Finanzsprache eine zumeist internationale Präsentation des eigenen Unternehmens. Zielpublikum sind bestehende und potenzielle Investoren, die informiert, gehalten und/oder gewonnen werden sollen.

Vor einem Börsengang, aber auch in den Jahren danach, geht die Gesellschaft quasi auf „Tour". Dabei besucht sie die für sie wichtigen Finanzplätze und stellt das Unternehmen institutionellen Investoren vor, um bei diesen für die Aktie oder Anleihe zu werben. Auch im Zusammenhang mit Kapitalerhöhungen werden oftmals Roadshows organisiert; Kapitalerhöhungen können durch eine gut gemachte Roadshow ideal am Markt vorbereitet und kommuniziert werden. Häufig werden Roadshows auch im engen zeitlichen Zusammenhang mit der Veröffentlichung von Finanzzahlen durchgeführt.

Zumindest der Besuch der wichtigen Finanzmetropolen Frankfurt, Paris und London sollte zwei- bis dreimal jährlich auf der Agenda stehen. Dabei sollte mindestens eine Präsentation durch ein Mitglied des Vorstands durchgeführt werden.

Die Planung einer Roadshow können Sie entweder selbst vornehmen oder mit Unterstützung Dritter wie z.B. Banken oder IR-Agenturen.

Wenn Sie die Planung einer Roadshow selbst übernehmen möchten, sollten Sie sich zunächst einen Überblick über die institutionellen Aktionäre verschaffen, die an Ihrem Unternehmen beteiligt sind. Sehr hilfreich ist auch ein Blick über den Tellerrand hinaus, nämlich zu börsennotierten Wettbewerbsunternehmen. Aktionäre, die bei der Konkurrenz investiert sind, kommen potenziell auch für Ihr Unternehmen in Frage.

Das Problem ist jedoch die Identifikation der Aktionäre Ihres Unternehmens und der Wettbewerbsunternehmen. Wenn Sie nicht über Namensaktien verfügen, sind Ihnen die meisten Aktionäre nämlich in der Regel nicht bekannt. Eine Ausnahme bilden lediglich die Aktionäre, die aufgrund der Über- oder Unterschreitung bestimmter Schwellenwerte eine Stimmrechtsmitteilung an Sie geschickt haben. Diese sollten aufgrund Ihres meist hohen Unternehmensanteils in jedem Fall in die regelmäßige Roadshowplanung einbezogen werden.

Eine weitere Quelle zur Identifikation (potenzieller) Aktionäre sind Datenbanken wie sie die Informationsdiensteister Reuters, Bloomberg oder Thomson Financial bieten. Da der Zugang zu diesen Diensten jedoch mit hohen Kosten verbunden ist, verfügen nur wenige Unternehmen hierüber. Üblicherweise verfügen die Aktienbetreuer der Banken über mindestens einen Zugang zu einem solchen System und sind Ihnen auf Nachfrage sicher gern behilflich.

Eine kostenlose Alternative bietet die Deutsche Börse ihren Emittenten unter dem Stichwort „Investor Guide Online". Hierbei handelt es sich um eine Datenbank, die auf dem sonst kostenpflichtigen Informationsdienst Lionshares basiert. Durch einfache Eingabe Ihres Unternehmensnamens oder der Wertpapierkennnummer Ihrer Aktie erhalten Sie einen Überblick über die institutionellen Investoren, einschließlich der Anzahl der von ihnen gehaltenen Aktien. Da diese Daten jedoch auf Angaben aus öffentlich zugänglichen Dokumenten wie Jahresabschlüsse oder Zwischenberichte der Fonds beruhen, besteht keine Gewähr auf Aktualität der Daten. Abbildung 4 zeigt eine Bildschirmkopie des Investor Guide Online für die Aktionärsstruktur der REpower Systems AG.

Häufig werden bei der eigenen Planung jedoch Chancen vertan, weil ständig die „üblichen Verdächtigen" unter den Investoren kontaktiert werden. Mangels einer genauen Kenntnis über die wichtigsten nationalen und internationalen Aktionäre und ihre Positionen hält sich das Unternehmen an die bekannten Adressen.

Eine gute Möglichkeit, neue Investoren anzusprechen, stellt die Unterstützung der Roadshowplanung durch Dritte dar, wie z.B. Banken oder IR-Agenturen. Während Banken in der Regel kein Geld für die Planung und Durchführung von

Roadshows verlangen, bitten bankenunabhängige Unternehmen Sie für diese Dienstleistung gerne mit etwa 2.000 bis 10.000 Euro zur Kasse.

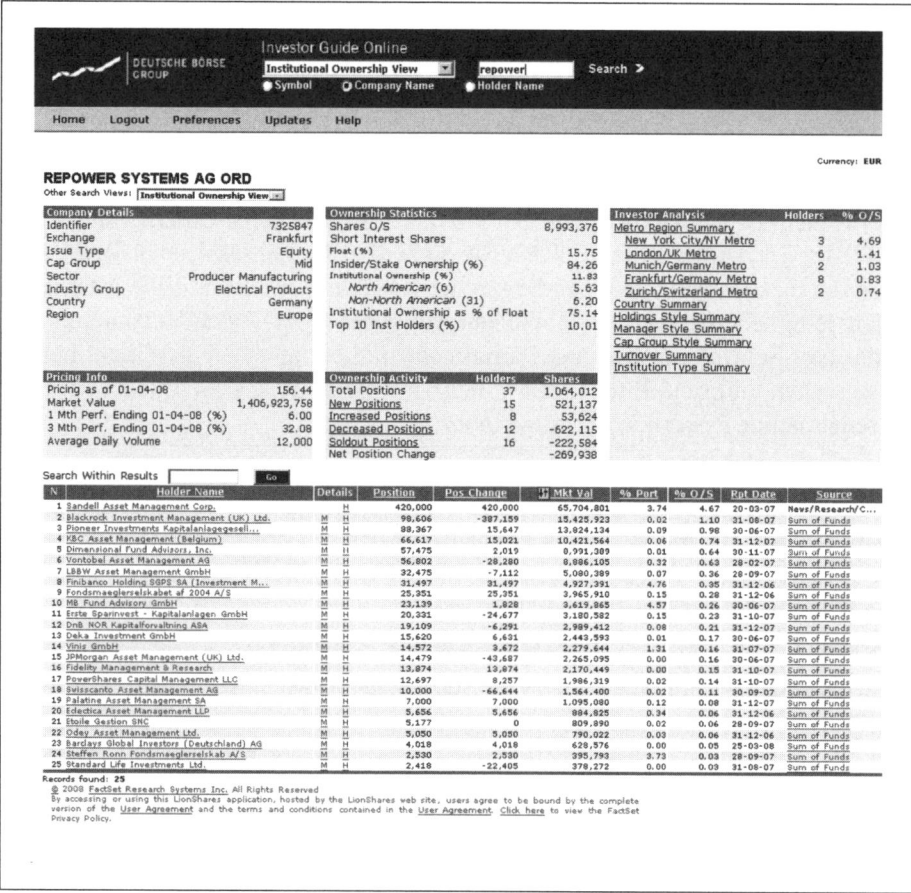

Quelle: http://www.lionshares.com, Stand 12/2007
Abbildung 4: *Screenshot Investor Guide Online*

Die Bank – meist ein Haus, das entweder Ihre Aktie betreut oder Studien zu Ihrem Unternehmen oder zum Sektor erstellt – hat selbst ein Interesse an Umsätzen in Ihrer Aktie und spekuliert auf Provisionen aus dem Handel in Ihrer Aktie durch die besuchten Investoren im Anschluss an die Roadshow. Deshalb ist sie in der Lage, Ihnen diese Dienstleistung ohne Aufwandsentschädigung anzubieten.

5.8   Analystenveranstaltung

Die Teilnahme an Analystenveranstaltungen oder -konferenzen bietet die Möglichkeit, sich einer Vielzahl von Analysten gleichzeitig vorzustellen. Ist Ihr Unternehmen im Prime Standard der Deutschen Börse notiert, ist sogar mindestens eine Analystenveranstaltung pro Jahr vorgeschrieben. Nicht vorgeschrieben ist jedoch die Form dieser Veranstaltung. Sie können also Ihrer Pflicht auch nachkommen, indem Sie beispielsweise eine Telefonkonferenz für Analysten anbieten. Dies ist aber natürlich einigermaßen anonym und fördert nicht unbedingt die persönliche Beziehung zu den Analysten. Daher sollte diese Maßnahme eher flankierend zu den übrigen Maßnahmen durchgeführt werden.

Alternativ können Sie Analysten persönlich zu einer von Ihnen organisierten Analystenkonferenz einladen. Ein geeigneter Zeitpunkt ist beispielsweise die Veröffentlichung des Jahresabschlusses. An diesem Tag findet üblicherweise auch die jährliche Bilanzpressekonferenz statt. Sie können diese Plattform auch nutzen, indem Sie neben der Presse auch Analysten zu dieser Veranstaltung einladen. Einige Unternehmen neigen aber dazu, Presse und Analysten in getrennten Veranstaltungen Rede und Antwort zu stehen. Wie Sie sich hier organisieren, ist im Wesentlichen eine Geschmacksfrage.

Für eine gemeinsame Veranstaltung spricht, dass Ihnen niemand nachsagen kann, Sie würden Analysten bevorzugen und Ihnen womöglich mehr Informationen preisgeben als der Presse. Denn in der Öffentlichkeit besteht häufig ein gewisser Generalverdacht, dass zwischen Unternehmen und Banken, zu denen die Gruppe der Analysten ja meist gehört, ohnehin viel gekungelt würde. Andererseits musste ich in den vergangenen Jahren doch feststellen, dass die Interessen von Vertretern der Presse und von Analysten teilweise sehr unterschiedlich gelagert sind.

Die Presse sucht die knackige Headline für ihren nächsten Bericht, wie z.B. „Unternehmen XY präsentiert massiven Gewinnsprung".

Dahingegen versucht der Analyst eher Ursachen und Hintergründe für die Geschäftsentwicklung zu erfahren. Insofern ist die Qualität der Fragen in einer gemeinsamen Konferenz von Presse und Analysten höchst unterschiedlich. Im schlimmsten Fall fühlt sich keine der Gruppen ausreichend informiert, da „der andere die ganze Zeit uninteressantes Zeug gefragt hat".

Auch die Vorstellung neuer Produkte, die Ankündigung von Akquisitionen oder ein vorliegendes Übernahmeangebot für das eigene Unternehmen sind geeignete Anlässe zur Einberufung einer Analystenkonferenz.

Analysten wollen durch die oberste Führungsebene informiert werden Die Präsentation sollte also durch den Vorstand erfolgen. Nicht zuletzt ist der Softfaktor „Managementqualität" ein wichtiges Entscheidungskriterium für die Bewertung eines Unternehmens. Und dieser Faktor lässt sich am besten beurteilen, wenn der Vorstand persönlich spricht.

Gleichgültig, ob Sie sich nun entschließen, Presse und Analysten zu trennen oder nicht; bei der Organisation einer solchen Veranstaltung gilt es, einige Grundregeln zu beachten, damit sie ein Erfolg wird. Da der gemeine Investor Relations Manager nicht zwingend auch gleichzeitig gelernter Event-Manager ist, folgt im nächsten Abschnitt ein kleiner Exkurs in die Welt der Konferenzorganisation.

5.9   Exkurs: Organisation einer Analystenkonferenz

Da Sie mit der Veranstaltung Analysten ansprechen möchten, sollten Sie ihnen auch räumlich entgegenkommen. Es empfiehlt sich daher, eine solche Veranstaltung grundsätzlich in der Bankenmetropole Frankfurt abzuhalten. Hier finden Sie auch eine Vielzahl potenzieller Tagungsräume, z.B. in Hotels, Konferenzzentren oder aber auch in den Wolkenkratzern der Banken. Achten Sie bei der Auswahl der Räumlichkeiten auf eine zentrale und gut erreichbare Lage. Weitere entscheidende Kriterien für die Eignung eines Tagungsraums sind seine Größe, die technische Ausstattung und auch die Optik – denn schließlich sollte der äußere Rahmen der Präsentation auch zu ihrem Inhalt passen. So wäre für ein hochinnovatives Technologieunternehmen ein schlichtes, helles und freundliches Mobiliar deutlich geeigneter als ein angestaubter Tagungsraum eines Traditionshotels.

Bevor Sie sich nun auf die Suche nach geeigneten Räumlichkeiten begeben, muss zunächst der Termin geklärt werden. Da die meisten Unternehmen ein mit dem Kalenderjahr gleichlautendes Geschäftsjahr haben, ballt sich die Großzahl der Bilanzpresse- und Analystenkonferenzen insbesondere in den letzten beiden Märzwochen. Wenn möglich sollten Sie im Vorfeld klären, ob an Ihrem favorisierten Termin eventuell schon Unternehmen aus dem gleichen Sektor oder gar ein „Börsenschwergewicht" eine ähnliche Veranstaltung plant, mit der Sie konkurrieren müssen.

Als Tageszeit wählen Sie am besten den späten Vormittag oder den frühen Nachmittag, weil zu diesen Zeiten das Arbeitsaufkommen am kleinsten ist. Dies gilt für Presse wie für Analysten gleichermaßen.

Sofern Sie die Teilnahme der Pressevertreter wünschen, sind zudem der Montag und der Freitag eher ungeeignete Tage. Montags erarbeiten die Pressevertreter in langen Redaktionskonferenzen ihre Planung für die verbleibenden Wochentage und haben in der Regel keine Zeit für Auswärtstermine. Der Freitag hat den Nachteil, dass einige Tagesmedien Ihre Informationen nicht mehr verarbeiten können, da sie am Wochenende schlicht nicht erscheinen.

Sind Termin und Ort festgelegt, können Sie sich an die Einladung wagen. Diese verfügt idealerweise auch über ein Antwortformular, damit Sie im Vorfeld schon einigermaßen genau wissen, wie viele Gäste Sie erwarten dürfen. Auf Besonderheiten, z.B. die Anwesenheit eines bestimmten Vorstandsmitglieds oder die Abhaltung der Konferenz in englischer Sprache, sollten Sie ebenfalls bereits im Einladungsschreiben hinweisen. Ebenso sollten Sie ankündigen, wenn Sie ein etwaiges Catering planen, damit Ihre Gäste ihre Zeitplanung entsprechend ausrichten.

Auf der folgenden Seite finden Sie ein Muster für ein Antwortformular.

Beispiel für ein Antwortformular

Medien-/Analystenkonferenz der Muster AG

Donnerstag 31. März 2008, 09:00 Uhr CEST

Börse Frankfurt

Raum „Bid&Ask"

Straße, PLZ, Ort

Die gemeinsame, englischsprachige Presse- und Analystenkonferenz beginnt um 09:00 Uhr CEST. Die Unterlagen sowie ein Frühstückskaffee stehen ab 08:30 Uhr CEST bereit.

Um voraussichtlich 07:00 Uhr CEST wird international am gleichen Tag eine Pressemitteilung verschickt.

Ich bestätige meine Teilnahme an der Konferenz:

Name

Vorname

Medium/Bank/Gesellschaft

Adresse

PLZ/Ort

E-Mail

FAX

Telefon

Bitte senden Sie diese Anmeldung bis am 27. August 2007 an die Muster AG, Musterstr. 1, 55555 Musterstadt

FAX : +49 (0)40 444 4444

E-Mail: ir@muster.com

Ob Sie per Post oder E-Mail einladen möchten, können Sie frei entscheiden. Beides stößt etwa auf gleich viel Beachtung. Auf jeden Fall müssen Sie sowohl im Mail als auch im Einladungsbrief in wenigen Sätzen erläutern, warum Sie einladen.

Praxistipp

Bei der Auswertung der Antwortformulare sollten Sie gleichzeitig prüfen, ob Ihr Medienverteiler auf dem neusten Stand ist. Sofern sich Personen anmelden, die bei Einladungsversand nicht in Ihrem Verteiler vorhanden waren, fragen Sie nach, ob sie in den Verteiler aufgenommen werden möchten.

Die Zeit nach der Konferenz können Sie nutzen, um Einzelgespräche mit dem Vorstand anzubieten.

Die folgende Checkliste können Sie als Grundlage für Ihre Planung verwenden.

Checkliste zur Planung einer Analystenkonferenz

✓ Termin Festlegung

- Prüfung auf Konkurrenzveranstaltungen
- Bei Teilnahme der Presse:
  Termin liegt nicht auf einem Montag oder Freitag
- Wenn möglich, Ferienzeiten beachten

✓ Anforderungen an den Tagungsraum

- Zentrale Lage
- Ausreichend Platz für eine parlamentarische Bestuhlung
- Die Optik passt zum Unternehmensimage
- Notwendige Technik ist vorhanden oder muss extern zugebucht werden (Beamer, Overheadprojektor, Mikrofone und Beschallung Rednerpult, PC/ Notebook, Drucker, Telefon, Fax,)
- Catering muss geklärt werden

✓ Inhalt der Einladung

- Termin, Ort und Zeit der Veranstaltung
- Referenten
- Hinweis auf Besonderheiten
- Catering ankündigen, falls geplant
- Ansprechpartner und Kontaktdaten

- Anfahrtsskizze sowie Hinweis auf Parkmöglichkeiten
- Antwortformular
- Gegebenenfalls Möglichkeit zur Anmeldung eines anschließenden Einzelgesprächs anbieten

✓ Sonstiges

- Einladungsverteiler auf Aktualität prüfen
- Eventuell Verteiler zukaufen (z.B. über die Deutsche Vereinigung für Finanzanalyse und Asset Management, DVFA, oder EquityStory AG)
- Teilnehmerliste anfertigen
- Raumdekoration festlegen und gegebenenfalls anfertigen (z.B. Bühnenrückwand, Logos etc.)
- Namensschilder für Podium anfertigen
- Falls gewünscht, Präsente festlegen
- Spedition oder Kurier für Materialanlieferung beauftragen
- Vorrat an Aspirin anlegen

✓ Zur Auslage vor Ort

- Geschäftsbericht, Unternehmenskurzportrait sowie Informationen zu den Referenten
- Präsentation, Pressemitteilung und eventuell Rede
- Stifte und Blöcke
- Visitenkarten der Ansprechpartner
- Präsent für Teilnehmer

✓ Kurz vor Veranstaltungsbeginn

- Hinweisschilder zum Tagungsraum prüfen
- Letzten Stand der Teilnehmerliste drucken
- Raumcheck und Techniktest

✓ Mögliche zusätzliche Services während der Konferenz

- Anwesenheitsliste führen
- Flug- und Bahnpläne bereithalten
- Gegebenenfalls Fernsehgerät aufstellen (z.B. bei Sport-Großereignissen oder Wahlen)

✓ Nach der Konferenz

- Prüfung, ob Teilnehmer im Unternehmensverteiler aufgenommen werden müssen
- Versand von individuell gewünschten Informationen der Teilnehmer

5.10 Fact Book

Ein Fact Book ist im Grunde nichts anderes als eine Zusammenstellung der wichtigsten Informationen für Presse, Analysten und Aktionäre, die meist in Präsentationsform durch das börsennotierte Unternehmen bereitgehalten wird.

Wesentliche Inhalte eines Fact Books sind Angaben zur Struktur und Organisation des Unternehmens, eventuell zu seiner Geschichte, zu den Zielen und Strategien des Managements, Informationen zu Markt und Wettbewerb sowie Finanz-, Management- und Personaldaten.

Der Inhalt des Fact Books muss laufend aktuell gehalten werden. Nach Erstellung kann es auch als Grundlage für Unternehmenspräsentationen genutzt werden und muss lediglich auf die Bedürfnisse der jeweiligen Zielgruppe hin angepasst werden.

Die jeweils aktuelle Version des Fact Books sollte den Aktionären außerdem auf der IR-Website des Unternehmens zugänglich gemacht werden.

6. Alle Jahre wieder: Die Hauptversammlung

Die Hauptversammlung ist das höchste Organ einer deutschen Aktiengesellschaft. Sie findet mindestens einmal jährlich statt. Berechtigte Teilnehmer der Hauptversammlung sind alle Aktionäre eines Unternehmens.

Eine Hauptversammlung unterliegt einem strengen gesetzlichen Rahmen, der nicht zuletzt hohe organisatorische Anforderungen an die Investor Relations Abteilungen stellt. Umso ärgerlicher, dass die Teilnehmerzahlen zwischen 1998 und 2005 deutlich rückläufig waren. Ein Trend, der sich nach einer Ermittlung der Deutschen Schutzvereinigung für Wertpapierbesitz e.V. (DSW) in den Jahren 2006 und 2007 erfreulicherweise wieder umkehrte:

Waren 1998 noch rund 61 Prozent der stimmberechtigten Aktien auf den Hauptversammlungen der 30 im Dax notierten Gesellschaften vertreten, sank der Anteil bis 2005 auf nur noch knapp 46 Prozent. Nach einem leichten Anstieg im letzten Jahr konnte 2007 ein Plus von fast sieben Prozentpunkten auf über 56 Prozent verzeichnet werden.[14]

Die Gefahr geringer Präsenzen ist, dass Aktionärsminderheiten tendenziell mehr Gewicht auf der Hauptversammlung erlangen. Dies kann im schlimmsten Fall zu Zufallsmehrheiten führen. So verfügt ein Aktionär mit einem Anteil von 25 Prozent am Grundkapital in der Hauptversammlung bereits über eine einfache Mehrheit, wenn die Präsenz unterhalb der Marke von 50 Prozent liegt.

Für die Aktionäre ist die Hauptversammlung oft die einzige Gelegenheit zum Dialog mit ihrem Unternehmen. Die Hauptversammlung erfordert einen hohen organisatorischen, personellen und materiellen Aufwand. Je nach Größe der Gesellschaft verschlingt sie ein Budget von 50.000 bis 100.000 Euro, bei größeren Publikumsgesellschaften im Dax auch schnell eine Million und mehr.

---

14 Quelle: http://www.dsw-info.de/Hauptversammlungspraesenzen.70.0.html, Stand Januar 2008.

Im Folgenden werden die relevanten rechtlichen Aspekte näher erläutert und auch die Organisation in der Praxis dargestellt.

6.1   Gesetzliche Grundlagen und Kompetenzen der Hauptversammlung

Den aktienrechtlichen Rahmen für die Teilnahmeberechtigung, die Zuständigkeiten, das Auskunftsrecht der Aktionäre und die Abstimmungsregeln geben die §§ 118 bis 138 AktG vor. Dabei regeln §§ 118 bis 120 die Rechte der Hauptversammlung, §§ 121 bis 128 die Einberufung, §§ 129 bis 132 die Verhandlungsniederschrift und das Auskunftsrecht, §§ 133 bis 137 die Stimmrechte und § 138 Sonderbeschlüsse.

Gemäß § 119 Abs. 1 AktG verfügt die Hauptversammlung über folgende Beschlusskompetenzen:

- Die Bestellung der Mitglieder des Aufsichtsrats
- Die Verwendung des Bilanzgewinns
- Die Entlastung der Mitglieder des Vorstands
- Die Entlastung der Mitglieder des Aufsichtsrats
- Die Bestellung des Wirtschaftsprüfers, der als Jahresabschlussprüfer der Gesellschaft eingesetzt werden soll
- Satzungsänderungen
- Maßnahmen der Kapitalbeschaffung (Kapitalerhöhungen) und der Kapitalherabsetzungen
- Die Bestellung von Prüfern zur Prüfung von Vorgängen bei der Gründung der Gesellschaft oder der laufenden Geschäftsführung
- Die Auflösung der Gesellschaft

Die im Gesetz genannten Fälle sind als beispielhafte Auflistung der häufigsten und gewöhnlichen Zuständigkeiten zu verstehen. Hinzu kommen weitere Kompetenzen, die sich aus dem Gesetz ergeben. Die bekanntesten sind wohl die Zustimmung zum Abschluss oder zur Änderung von Unternehmensverträgen sowie Squeeze-out-Beschlüsse.

Der Begriff der Entlastung der Vorstände und des Aufsichtsrats sorgt häufig für Verwirrung. Nach § 120 Abs. 2 Satz 1 AktG bezeichnet der Begriff der Entlastung die Billigung der Verwaltung der Gesellschaft durch die Mitglieder von Vorstand und Aufsichtsrat. Sie ist jedoch eher von symbolischer Natur, eine Art von Vertrauensausdruck der Aktionäre. Denn auch eine nicht erteilte Entlastung des Vorstands beispielsweise hätte nicht zwingend eine Kündigung des Vorstandsmitglieds durch den Aufsichtsrat zur Folge. Umgekehrt schützt auch die erfolgte Entlastung nicht vor einer Abberufung. Der Entlastungsbeschluss erfordert lediglich eine einfache Mehrheit (also mindestens 50 Prozent), wohingegen die strukturellen Maßnahmen und satzungsändernde Beschlüsse eine Dreiviertelmehrheit benötigen.

Da die Hauptversammlung kein ständiges Organ ist, muss sie zur Beschlussfassung zusammengerufen werden. Die Einberufung einer Hauptversammlung erfolgt durch den Vorstand der Gesellschaft. Hierbei wird zwischen der so genannten ordentlichen und der außerordentlichen Hauptversammlung unterschieden.

Die ordentliche Hauptversammlung ist nach § 120 Abs. 1 AktG in den ersten acht Monaten eines jeden Geschäftsjahres durchzuführen. Dort wird in der Regel der Jahresabschluss und – sofern vorhanden – der Konzernabschluss, einschließlich Lagebericht und Bericht des Aufsichtsrats, des vorangegangenen Geschäftsjahres vorgelegt. Außerdem wird über die Verwendung des Bilanzgewinns sowie über die Entlastung von Aufsichtsrat und Vorstand beschlossen, zudem wird der Abschlussprüfer für das laufende Geschäftsjahr gewählt.

Eine zusätzliche, außerordentliche Hauptversammlung kann bei besonderen Ereignissen erforderlich werden, die keinen Aufschub bis zur nächsten ordentlichen Hauptversammlung erlauben.

Mögliche **Gründe für eine außerordentliche Hauptversammlung** sind:

- Strukturmaßnahmen, Fusionen, Umwandlungen
- Verlust der Hälfte des Grundkapitals
- Einberufung auf Verlangen einer Minderheit aus dem Aktionärskreis

Die Unterscheidung in eine ordentliche und außerordentliche Hauptversammlung ist für Ihre Organisation jedoch nur von untergeordneter Bedeutung, da für beide Arten bezüglich Einladungsmodalitäten und Informationspflichten die gleichen Maßstäbe gelten.

6.2   Einberufung der Hauptversammlung

Die Einberufung einer Hauptversammlung ist durch das Aktienrecht genau vorgeschrieben, damit möglichst jeder Aktionär die Möglichkeit hat, an der Hauptversammlung teilzunehmen und sein Stimmrecht auszuüben. Die Grundsätze für die Einberufung einer Hauptversammlung sind in § 121 AktG geregelt. Abweichungen von den strengen Formvorschriften sind nach § 121 Abs. 6 dann erlaubt, wenn alle Aktionäre der Gesellschaft zur Hauptversammlung erschienen sind bzw. ihr Stimmrecht vertreten ist. In der Praxis wird dies bei einer börsennotierten Aktiengesellschaft jedoch nicht vorkommen. Des Weiteren kann in bestimmten Fällen die Satzung der Gesellschaft den Rahmen der Einberufung verändern, z.B. hinsichtlich der Wahl des Tagungsortes.

Grundsätzlich wird die Hauptversammlung durch den Vorstand einberufen. Hierzu muss dieser als Gesamtorgan einen entsprechenden Beschluss fassen.[15] Auch der Aufsichtsrat kann zur Einberufung einer Hauptversammlung berechtigt sein, aber nur, wenn das Wohl der Gesellschaft dies erfordert.[16] Weitere Einberufungsberechtigte können Minderheitsaktionäre oder so genannte Abwickler im Zusammenhang mit der Auflösung einer Gesellschaft sein.

Die Einberufung der Hauptversammlung ist in den Gesellschaftsblättern bekannt zu machen. Dies bedeutet, dass sie wenigstens im Bundesanzeiger zu veröffentlichen ist, der in der Regel Gesellschaftsblatt laut Satzung ist. Meist wird zusätzlich eine Kurzform der Bekanntmachung mit Hinweis auf den Bundesanzeiger in einem überregionalen Börsenpflichtblatt publiziert.

Unternehmen, die Namensaktien emittiert haben, dürfen auch durch eingeschriebenen Brief einladen, wenn die Satzung nichts anderes bestimmt.[17]

Die Tagesordnung gibt den Rahmen für die Beschlussfassungen vor. Nur innerhalb dieses Rahmens kann und darf die Hauptversammlung Beschlüsse fassen. Der Aktionär soll auf diesem Wege vor Überraschungen geschützt werden. Es sollen keine Beschlüsse gefasst werden können, die für den Aktionär aufgrund der Einladung nicht zu erwarten waren, und der Aktionär soll sich auch nicht mit

---

15   Als befugt gelten die im Handelsregister eingetragenen Mitglieder des Vorstands.

16   Vgl. § 111 Abs. 3 AktG.

17   § 121 Abs. 4 AktG verlangt lediglich, dass die Aktionäre der Gesellschaft namentlich bekannt sind. In der Theorie ist die Einladung durch eingeschriebenen Brief als auch bei Inhaberaktien denkbar und möglich. In der Praxis wird hiervon jedoch kein Gebrauch gemacht.

Beschlussvorschlägen auseinandersetzen müssen, auf die er sich nicht angemessen vorbereiten konnte.

Ein entsprechender Fall wurde im Jahr 2005 durch das Landgericht München entschieden[18]: Eine Gesellschaft hatte den Punkt „Entlastung des Vorstands" in ihrer Einberufung angekündigt und in der Hauptversammlung selbst dann über einen Vertrauensentzug des Vorstands abstimmen lassen.

Das Gericht erachtete dies für rechtswidrig, da der Vertrauensentzug mehr sei als die bloße Verweigerung der Entlastung. Mit einem solchen Beschluss müsse ein Aktionär unter dem Tagesordnungspunkt „Entlastung des Vorstandes" nicht rechnen. Die richtige Wortwahl bei dem Text der Tagesordnung ist also entscheidend für den Erfolg und die Rechtmäßigkeit einer Hauptversammlung.

Neben der eigentlichen Tagesordnung fordert das Gesetz mindestens folgenden **Inhalt** für die Bekanntmachung:

- Angabe der Firma einschließlich Rechtsform

- Sitz des Unternehmens

- Uhrzeit, zu der die Hauptversammlung beginnt

- Ort der Hauptversammlung mit genauer Adresse

- Bedingungen für die Teilnahme und Ausübung der Stimmrechte

- Die Gesamtzahl der Aktien und Stimmrechte im Zeitpunkt der Einberufung der Hauptversammlung

Die Pflicht zur Veröffentlichung der Tagesordnung und der Gesamtzahl der Aktien und Stimmrechte ergibt sich nicht aus dem Aktienrecht, sondern aus dem im Jahr 2007 eingeführten § 30b Abs. 1 Satz 1 des Wertpapierhandelsgesetzes.

Eine Hauptversammlung ist mindestens dreißig Tage vor dem Tag der Versammlung einzuberufen.[19] Die Satzung kann die Teilnahme an der Hauptversammlung oder die Ausübung des Stimmrechts davon abhängig machen, ob die Aktionäre sich vor der Versammlung anmelden. In diesem – in der Praxis gängigen – Fall tritt für die Berechnung der Einberufungsfrist an die Stelle des Tages der Versammlung der Tag, bis zu dessen Ablauf sich die Aktionäre vor der Versammlung anzumelden haben. Die Anmeldung muss der Gesellschaft bis spätestens am siebten Tage vor der Versammlung zugehen, soweit die Satzung keine kürzere Frist vorsieht. In der Praxis ergibt sich so eine Einberufungsfrist von etwa sechs Wochen vor dem geplanten Hauptversammlungstermin.

---

18 Vgl. LG München I, Urteil vom 28.07.2005, NZG 2005, 818.

19 123 Abs. 1 AktG.

Die früher übliche Hinterlegung von Aktien in einem Sperrdepot ist durch das UMAG (Gesetz zur Unternehmensintegrität und Modernisierung des Anfechtungsrechtes) abgeschafft worden.

6.3   Behandlung von Gegenanträgen

Jeder Aktionär, unabhängig von der Zahl der von ihm gehaltenen Aktien, hat das Recht, Gegenanträge zu stellen. Dies ist in § 126 Abs. 1 AktG geregelt. Auch Aktionärsverbände oder andere Aktionärsvertreter können Gegenanträge stellen, man spricht dann davon, dass sie in Opposition gehen.

Gegenanträge müssen der Gesellschaft spätestens zwei Wochen vor der Hauptversammlung zugehen. Kurioserweise weiß die Gesellschaft zu diesem Zeitpunkt noch gar nicht, ob es sich bei dem Antragssteller überhaupt um einen Aktionär handelt, es sei denn, sie verfügt über Namensaktien. Bei Inhaberaktien müssen die Anmeldung zur Hauptversammlung und der Berechtigungsnachweis nämlich erst sieben Tage vor der Hauptversammlung erfolgen. Um spätere Rechtsstreitigkeiten zu vermeiden, sollte jedoch grundsätzlich davon ausgegangen werden, dass es sich bei dem Absender des Gegenantrags um einen Aktionär handelt.

Der Gegenantrag muss durch die Gesellschaft veröffentlicht werden und zwar am besten auf der Internetseite des Unternehmens. Damit wird der Pflicht, den Gegenantrag allen Aktionären zugänglich zu machen, Genüge getan. Früher mussten Gegenanträge hingegen schriftlich an die Aktionäre weitergeleitet werden.

Auf der Internetseite kann darüber hinaus eine Stellungnahme der Verwaltung zum Gegenantrag erfolgen. Dies ist zwar keine Pflicht, empfiehlt sich aber in jedem Fall, um falsche Aussagen oder Darstellungen zu korrigieren. Bedenken Sie, dass nicht nur Aktionäre, sondern möglicherweise auch Kunden, Lieferanten oder sonstige Geschäftspartner den Gegenantrag auf Ihrer Homepage entdecken könnten.

Nach § 125 Abs. 2 brauchen Sie den Gegenantrag in folgenden Fällen nicht zu veröffentlichen:

1. Soweit sich der Vorstand durch das Zugänglichmachen strafbar machen würde.

2. Wenn der Gegenantrag zu einem gesetz- oder satzungswidrigen Beschluss der Hauptversammlung führen würde.

3. Wenn die Begründung in wesentlichen Punkten offensichtlich falsche oder irreführende Angaben oder wenn sie Beleidigungen enthält.

4. Wenn ein auf denselben Sachverhalt gestützter Gegenantrag des Aktionärs bereits zu einer Hauptversammlung der Gesellschaft nach § 125 zugänglich gemacht worden ist.

5. Wenn derselbe Gegenantrag des Aktionärs mit wesentlich gleicher Begründung in den letzten fünf Jahren bereits zu mindestens zwei Hauptversammlungen der Gesellschaft nach § 125 zugänglich gemacht worden ist und in der Hauptversammlung weniger als der zwanzigste Teil des vertretenen Grundkapitals für ihn gestimmt hat.

6. Wenn der Aktionär zu erkennen gibt, dass er an der Hauptversammlung nicht teilnehmen und sich nicht vertreten lassen wird.

7. Wenn der Aktionär in den letzten zwei Jahren in zwei Hauptversammlungen einen von ihm mitgeteilten Gegenantrag nicht gestellt hat oder nicht hat stellen lassen.

Unterlassene Veröffentlichungen mit der Begründung offensichtlich falscher oder irreführender Angaben (Punkt 3) sind mit Vorsicht zu genießen, denn hier gibt es – wie so oft – Auslegungsspielraum.

Sei er auch noch so absurd, im Zweifel sollten Sie ohnehin lieber einen Gegenantrag zu viel als zu wenig zugänglich machen. Damit ersparen Sie sich langwierige Diskussion über die Rechtmäßigkeit Ihres Handelns während der Hauptversammlung, die die Stimmung schnell ins Wanken bringen kann.

6.4   Das Backoffice – Die unsichtbaren Helfer

Für den Ablauf Ihrer Hauptversammlung ist mitunter auch die Qualität Ihres Backoffice ausschlaggebend. Das Backoffice sammelt die Fragen der Aktionäre während der Generaldebatte und formuliert wasserdichte Antwortvorschläge für den Vorstand. Gerade bei vorhersehbarem kritischem Verlauf einer Hauptversammlung sind kompetente und aktionärsfreundliche Antworten notwendig.

Das Backoffice sollte mindestens in die Beschallung mit einbezogen werden. Noch besser ist sogar eine Videoübertragung in das Backoffice. Schließlich sollen die Kolleginnen und Kollegen schnellstmöglich die gestellten Fragen beantworten, da ist es von Vorteil, wenn sie diese gleich „live" hören und sehen.

Ebenfalls vonnöten sind Internetanschluss, ein Telefon und ein Faxgerät sowie Drucker und Kopiergeräte.

Der weitere Technikeinsatz ist je nach Größe der Gesellschaften sehr unterschiedlich. Während bei größeren Unternehmen aus Dax und MDax Stenografenteams und Experten mit vorbereiteten Frage- und Antwortkatalogen vorzufinden sind, die über ein Chat-System mit der Bühne kommunizieren, lassen bei kleineren Gesellschaften häufig lediglich ein bis zwei Mitarbeiter im Backoffice handgeschriebene Zettel durch einen Springer zur Bühne bringen.

Wenn in Ihrem Unternehmen ein eher kleineres Backoffice üblich ist, muss dies nicht von Nachteil sein. Allerdings sollten Sie dann Mitarbeiterinnen und Mitarbeiter der Fachabteilungen bitten, während der Hauptversammlung in Rufbereitschaft in ihrem Büro zu bleiben.

Praxistipp

Auf gar keinen Fall vergessen dürfen Sie eine aktuelle Telefonliste des Unternehmens, falls während der Hauptversammlung Fragen auftauchen, die das Backoffice vor Ort nicht lösen kann. Hier sollten auch die Kontaktdaten von externen Beratern, Wirtschaftprüfern und gegebenenfalls des Steuerberaters nicht fehlen.

6.5   Ihre wichtigste Informationsfundgrube: Das Anmeldeverzeichnis

Wie viele Teilnehmer müssen Sie erwarten, kommen möglicherweise stadtbekannte Streitbolde, die den Schwierigkeitsgrad Ihrer Hauptversammlung verschärfen?

Diese Informationen liefert Ihnen das Anmeldeverzeichnis, das eine Woche vor dem eigentlichen Termin der Hauptversammlung erstellt wird. Natürlich kommen längst nicht alle Personen, die sich angemeldet haben. Wenn Sie etwa mit knapp der Hälfte der angemeldeten Personen Ihre Planung für die Raumbestuhlung und das Catering ansetzen, sind Sie in den meisten Fällen auf der sicheren Seite.

Aber nicht nur für die Kapazitätsplanung lohnt der Blick ins Anmeldeverzeichnis. Es liefert Ihnen zugleich aktuelle und wertvolle Informationen über Ihre Aktionärsstruktur. Vielleicht entdecken Sie den ein oder anderen institutionellen Investor, den Sie bislang noch gar nicht kannten, der aber über eine beträchtliche Aktienposition in Ihrer Gesellschaft verfügt. Derartige Informationen können z.B. hilfreich sein, wenn Sie Ihre nächste Roadshow planen.

Außerdem können Sie dem Anmeldeverzeichnis entnehmen, ob die Teilnahme von so genannten Berufsopponenten (siehe Kapitel 6.6) zu erwarten ist. Gefährlich werden können auch beispielsweise ehemalige Mitarbeiter, die das Unternehmen möglicherweise nicht im Guten verlassen haben.

6.6   Umgang mit Berufsopponenten

Bei jeder besonderen Hauptversammlung tauchen die Berufsopponenten auf: Wenn sich beispielsweise Aktiengesellschaften in schwierigen Lagen befinden und die schnelle Eintragung der Beschlüsse ins Handelsregister vonnöten ist (z.B. Kapitalherabsetzungen), bei Übernahmesituationen oder Squeeze-out-Hauptversammlungen.

Finden Sie den Namen eines Berufsopponenten in Ihrem Anmeldeverzeichnis, gilt Alarmstufe Rot. Sie können davon ausgehen, dass der Berufsopponent die gesamte „Klaviatur des Aktienrechts" beherrscht und im Zweifel auch gewillt ist, diese anzuwenden.

HV-Dienstleister verfügen in der Regel über „schwarze" Listen und werden Sie im Vorfeld darauf hinweisen, wenn sich ein ihnen bekannter Berufsopponent zu Ihrer Hauptversammlung angemeldet hat.

Die Mittel der Berufsopponenten sind einfach und wirksam zugleich: Sie studieren Tagesordnung, Geschäftsbericht und sonstige ihnen zur Verfügung stehende Informationen und suchen nach Fehlern. Werden sie hier nicht fündig, versuchen sie durch geschickte Störmanöver während der Veranstaltung, Formfehler zu provozieren, auf die sie später ihre Anfechtungsklage stützen können.

Dabei geht es meist nicht um die Sache an sich, sondern zunächst um eine Blockade. Manche Berufsopponenten bieten den Gesellschaften im Nachgang sogar an, die Klage gegen Zahlung von großzügigen „Honoraren" fallen zu lassen oder sich auf einen Vergleich zu einigen. Natürlich sind derartige Zahlungen weder im Interesse der Gesellschaft noch sind sie gesetzlich erlaubt. Wenn Unternehmen aber dringend auf die Umsetzung der HV-Beschlüsse angewiesen sind, finden sie Mittel und Wege für eine diskrete Lösung.

Das GoingPublic Magazin hat im Jahr 2007 erstmals eine Liste der fleißigsten Kläger bei Hauptversammlungen in Deutschland veröffentlicht.[20] GoingPublic betont jedoch, dass die genannten Namen und Firmen ausschließlich das Ergebnis von Auswertungen des elektronischen Bundesanzeigers sind und keine Wertung darstellen. Insbesondere soll mit der Darstellung der Fakten aus der Untersuchung nicht unterstellt werden, dass es sich bei den genannten Personen und Firmen um „Berufsopponenten" handelt. Bei den Klägern wurde zwischen natürlichen Personen und Firmen unterschieden.

Das Ergebnis der Untersuchungen ist in den Tabellen 3 und 4 wiedergegeben.

Klagende Person	Wohnort
Peter Eck	Geldern
Axel Sartingen	Köln
Jörg-Christian Rehling	London, UK
Frank Scheunert	Zürich, CH
Ulrich Lüdemann	Bad Kissingen
Caterina Steeg	Höchberg
Tobias Rolle	Dubai, VAE
Arno Menzel	Offenbach am Main
Jens-Uwe Penquitt	Würzburg
Claus Deininger	Würzburg
Christa Götz	Baden-Baden
Karsten Trippel	Großbottwar
Klaus Zapf	Berlin
Martin Helfrich	Frankfurt am Main
Tammo Seemann	Oldenburg
Thomas Lüllemann	Norderstedt

---

[20] Vgl. GoingPublic-Magazin 4/2007 S. 50 ff.

Klagende Person	Wohnort
Evamaria Brockhoff	München
Ute Stein	München
Willi Kerler	Leonberg
Leonhard Knoll	Mainbernheim
Armin Schulz	Kaarst
Jochen Knoesel	Würzburg
Ekkehard Wenger	Stuttgart

Tabelle 3: *Einzelpersonen, die am häufigsten als Kläger auftauchen. Basierend auf Angaben des GoingPublic-Magazins, Ausgabe 4/2007*

Klagende Firma	Sitz	Geschäftsführer/ Vorstand
Metropol Vermögensverwaltungs- und Grundstücks GmbH	Bremen	Karl-Walter Freitag
JKK Beteiligungs-GmbH	Würzburg	Jochen Knoesel
EO Investors GmbH	Düsseldorf	Frank Scheunert
Protagon Capital GmbH	Berlin	Ferit Dengiz
Leasing- und Handelsservice Heinrich GmbH	Hettstadt	Claus Heinrich
Carthago Value Invest AG	Bremen	Reiner Ehlerding
OCP Obay Capital Pool GmbH	Berlin	Frank Frese
Horizont Holding AG	Fensterbach/Bremen	Reiner Ehlerding
Pomoschnik Rabotajet GmbH	Berlin	Tino Hofmann
sophen consulting GmbH	Groß-Zimmern	Fouzia Saadi

Tabelle 4: *Firmen, die am häufigsten als Kläger auftauchen. Basierend auf Angaben des GoingPublic-Magazins, Ausgabe 4/2007*

Wie Sie aus den Tabellen ersehen können, treten einzelne Geschäftsführer oder Vorstände der klagenden Firmen auch privat als Kläger gegen Aktiengesellschaften auf.

6.7   Die Aufgabe des Versammlungsleiters

Der Gang einer Hauptversammlung ist gesetzlich kaum geregelt. Sie kann sich jedoch selbst eine Geschäftsordnung geben und auch die Satzung kann Bestimmungen über ihren Ablauf enthalten. Wer die Hauptversammlung leitet, muss in der Satzung einer Gesellschaft bestimmt werden. Das Gesetz enthält hierzu keine Angaben. In der Regel ist der Vorsitzende des Aufsichtsrats auch der Versammlungsleiter der Hauptversammlung.

Enthält die Satzung keine Angabe zum Versammlungsleiter, so muss die Hauptversammlung den Leiter selbst wählen. Hierfür genügt nach herrschender Meinung eine einfache Stimmenmehrheit. Der Versammlungsleiter muss weder Aktionär der Gesellschaft noch in sonstiger Weise mit ihr verbunden sein.

Der Versammlungsleiter ist die zentrale Figur in einer Hauptversammlung, denn er ist für den ordnungsgemäßen und reibungslosen Ablauf verantwortlich. Gelingt es ihm, die Veranstaltung ruhig und kompetent zu führen, können Probleme und Eskalationen bereits im Vorfeld vermieden werden.

Seine primäre Aufgabe ist die sachgerechte Erledigung der Tagesordnungspunkte unter Berücksichtigung des Gleichbehandlungsgebots nach § 53 a AktG. Er ist außerdem zuständig für die Eröffnung der Hauptversammlung, die Kontrolle der Zugangsberechtigung, die Feststellung der Beschlussfähigkeit, die Behandlung von Wortmeldungen der Aktionäre, die Regelung und Durchführung des Abstimmungsverfahrens, die Feststellung und Verkündung von Abstimmungsergebnissen sowie für die Beendigung der Hauptversammlung.

Trotz dieser hohen Bedeutung weisen die Satzungen bei vielen Gesellschaften jedoch Regelungslücken hinsichtlich der Stellvertretung des Versammlungsleiters auf. Einige Satzungen bestimmen sogar den ältesten anwesenden Aktionär zum Leiter der Hauptversammlung, wenn der Aufsichtsratsvorsitzende verhindert ist. Es müsste schon ein großer Zufall sein, wenn der älteste Aktionär sich im Aktienrecht auskennt und kompetent genug ist, die Leitung einer Hauptversammlung zu übernehmen.

Praxistipp

Prüfen Sie Ihre Satzung auf die Stellvertretungsregelung für den Versammlungsleiter. Formulierungen wie „Im Falle seiner Verhinderung wird der Versammlungsleiter durch den ältesten anwesenden Aktionär vertreten" oder „…wählt die Hauptversammlung einen Stellvertreter aus ihren Reihen" sind heutzutage nicht mehr üblich und gehören geändert.

Wenn Sie eine solche Formulierung vorfinden, sollten Sie einen entsprechenden Satzungsänderungsbeschluss bei der nächsten Hauptversammlung auf die Tagesordnung nehmen. Gebräuchlich ist zum Beispiel: „Den Vorsitz der Hauptversammlung übernimmt der Vorsitzende des Aufsichtsrats oder – im Falle seiner Verhinderung – ein von ihm bestimmtes Mitglied des Aufsichtsrats. Für den Fall, dass weder der Vorsitzende noch ein von ihm bestimmtes Mitglied den Vorsitz übernimmt, wird der Versammlungsleiter durch die in der Hauptversammlung anwesenden Aufsichtsratsmitglieder mit einfacher Mehrheit der Stimmen gewählt."

So kann bei Bedarf auch Dritten wie z.B. Rechtsanwälten die Versammlungsleitung übertragen werden, um schwierige Situationen zu bewältigen.

Nach der Begrüßung und Eröffnung stellt der Versammlungsleiter zunächst die anwesenden Mitglieder des Vorstands und des Aufsichtsrats und den protokollierenden Notar vor und erläutert gegebenenfalls die „Hausordnung". Dazu gehören z.B. die Bitte, Mobiltelefone auszustellen, Verzicht auf Bild- und Tonaufnahmen oder ein Rauchverbot.

Achtung!

Sofern Vertreter der Presse anwesend sind, erhält das Verbot von Bild- und Fotoaufnahmen besondere Brisanz. Denn die Hauptversammlung ist keine öffentliche, sondern eine geschlossene Veranstaltung zwischen Ihnen und Ihren Aktionären. Hier obliegt es Ihnen, das Persönlichkeitsrecht Ihrer Aktionäre zu wahren. Medienvertreter müssen deshalb auf diesen Umstand hingewiesen werden.

Anschließend hat der Versammlungsleiter die ordnungsgemäße Einberufung der Hauptversammlung sowie die Teilnahmeberechtigung der anwesenden Personen zu prüfen und festzustellen. Da die Prüfung der Teilnahmevoraussetzung im Detail zu umfangreich ist, kommt er dieser Pflicht nach, indem er sich davon überzeugt, dass keine offensichtlichen Mängel vorliegen.

Als Nächstes erläutert er die Tagesordnungspunkte sowie eingegangene Gegenanträge, das Abstimmungsprozedere und -verfahren, die Formalien zur Stimmabgabe und zu Wortmeldungen. Erst dann steigt er in die Tagesordnung ein, die meist mit der Generaldebatte beginnt. Hier haben die Aktionäre die Möglichkeit, von ihrem Auskunftsrecht Gebrauch zu machen.

Wichtig ist, dass vor Beginn der Abstimmung die Präsenz, also der anwesende Anteil des Grundkapitals festgestellt und verkündet wird. Nach der Abstimmung über die Tagesordnung und der Verkündung der Ergebnisse beendet der Versammlungsleiter die Hauptversammlung.

Um bei diesem sehr formalen Prozedere Fehler zu vermeiden, erhält der Versammlungsleiter einen so genannten Leitfaden. Dabei handelt es sich um ein rechtlich geprüftes Dokument, das alle Anforderungen an einen sachgerechten Ablauf der Hauptversammlung berücksichtigt. Es ist eine Art „Drehbuch", das durch den Versammlungsleiter verlesen wird und Regieanweisungen enthält.

Der Leitfaden kann beispielsweise direkt durch einen Rechtsanwalt erstellt werden. Diese Variante ist jedoch äußerst kostspielig. Günstiger ist es, selbst einen Entwurf anzufertigen und den Rechtsanwalt anschließend um dessen Prüfung zu bitten. Auch die Dienstleistungsunternehmen, die sich auf Organisation und Durchführung von Hauptversammlungen spezialisiert haben, bieten die Erstellung des Leitfadens an.

Im folgenden Abschnitt finden Sie einen Musterleitfaden, den Sie auf Ihre Bedürfnisse hin anpassen können. Eine rechtliche Prüfung durch einen Anwalt ist jedoch in jedem Falle unerlässlich. Bei dieser Vorlage handelt es sich um den Standardleitfaden. Darüber hinaus benötigen Sie so genannte Sonderleitfäden für ungeplante Ereignisse wie Störungen durch einzelne Aktionäre, Anträge oder Ähnliches. Es ist sinnvoll, den Leitfaden und die Sonderleitfäden in getrennten Dokumenten zu verwalten, damit der Versammlungsleiter nicht unnötig verwirrt wird.

6.8 Musterleitfaden für die Hauptversammlung

Leitfaden

für den Versammlungsleiter der ordentlichen Hauptversammlung der Muster AG

am 1. August 2008

Begrüßung

Sehr geehrte Damen und Herren,

ich möchte Sie – auch im Namen des Vorstands und meiner Aufsichtsratskollegen – zur diesjährigen ordentlichen Hauptversammlung der Muster AG. begrüßen. Ich freue mich über Ihr zahlreiches Erscheinen und das Interesse, das Sie als Aktionäre des Unternehmens durch Ihre Anwesenheit bekunden.

„Hausordnung"

Bevor wir auf die Regularien der heutigen Hauptversammlung eingehen und in die Tagesordnung einsteigen, bitte ich Sie, Ihre Mobiltelefone während der gesamten Hauptversammlung hier im Saal auszuschalten. Von dieser Hauptversammlung wird keine Bild- oder Tonaufzeichnung und auch kein stenografisches Protokoll erstellt. Die im Versammlungssaal aufgestellten Mikrofone dienen lediglich der Übertragung der Redebeiträge innerhalb des Präsenzbereichs. Auch private Aufzeichnungen durch Bild- oder Tonaufnahmen sind nicht gestattet. Ebenso bitte ich Sie, hier im Saal nicht zu rauchen. Vielen Dank für Ihr Verständnis.

Vorstellung Notar/Aufsichtsrat/Vorstand

Die notarielle Beurkundung der heutigen Hauptversammlung übernimmt Herr Notar [NN], der [rechts/links] von mir sitzt. An der diesjährigen ordentlichen Hauptversammlung nehmen alle Mitglieder des Vorstands und des Aufsichtsrats teil, die ich Ihnen ebenfalls kurz vorstellen möchte: Herr/Frau NN sitzt links von mir, daneben sitzt […]

[Bei fehlenden Mitgliedern Name der Person und Grund des Fehlens nennen.]

Feststellung der form- und fristgerechten Einberufung

Die Hauptversammlung ist durch Veröffentlichung im elektronischen Bundesanzeiger vom 10. Juni 2008 form- und fristgerecht einberufen worden. Mit der Einberufung sind auch die Tagesordnung und die Vorschläge des Vorstands und des Aufsichtsrats zu den Gegenständen der Tagesordnung bekannt gemacht worden. Ein Belegexemplar der Veröffentlichung im elektronischen Bundesanzeiger befindet sich beim Notar, ein weiteres Exemplar liegt hier vorne am Wortmeldetisch zur Einsichtnahme aus. Die veröffentlichte Tagesordnung lese ich nochmals in verkürzter Form vor:

1. Vorlage des festgestellten Jahresabschlusses der Muster AG für das Geschäftsjahr 2007, des Lageberichts des Vorstands sowie des Berichts des Aufsichtsrats, des gebilligten Konzernabschlusses für das Geschäftsjahr 2007 sowie des Konzernlageberichts

2. Beschlussfassung über die Entlastung der Mitglieder des Vorstands für das Geschäftsjahr 2007

3. Beschlussfassung über die Entlastung der Mitglieder des Aufsichtsrats für das Geschäftsjahr 2007

4. Beschlussfassung über die Wahl des Abschlussprüfers und des Konzernabschlussprüfers für das Geschäftsjahr 2008

Gegenanträge

Gegenanträge gemäß §§ 126, 127 AktG sind nicht eingegangen.

Präsenz

Die Feststellung der Präsenz ist noch nicht abgeschlossen, das Teilnehmerverzeichnis wird noch erstellt. Es wird mir jedoch rechtzeitig vor der ersten Abstimmung vorliegen. Ich werde dann die Höhe des vertretenen Grundkapitals bekannt geben. Das Teilnehmerverzeichnis wird anschließend hier vorne am Wortmeldetisch zur Einsichtnahme ausgelegt.

Zur Feststellung der jeweiligen Präsenz bei den einzelnen Beschlussfassungen werden gegebenenfalls Nachtragsverzeichnisse erstellt, die nach Bekanntgabe der Präsenzänderung ebenfalls am Wortmeldetisch zur Einsichtnahme ausgelegt werden. Ich darf an dieser Stelle darauf hinweisen, dass neben dem Versammlungssaal selbst auch das Foyer sowie die Toiletten zum Präsenzbereich der heutigen Hauptversammlung gehören. Der gesamte Präsenzbereich wird durch Lautsprecher beschallt, von der Funktionsfähigkeit habe ich mich vor der Versammlung überzeugt.

Abstimmungsverfahren

Als Vorsitzender dieser Hauptversammlung habe ich gemäß unserer Satzung über die Form der Abstimmung zu bestimmen.

Um das Abstimmungsverfahren zu vereinfachen, beabsichtige ich, nach dem so genannten Subtraktionsverfahren über die Tagesordnungspunkte abstimmen zu lassen. Bei diesem Verfahren werden bei der Ermittlung des Abstimmungsergebnisses nur die Nein-Stimmen und die Stimmenthaltungen gezählt. Die Ja-Stimmen werden anschließend durch die Subtraktion der abgegebenen Nein-Stimmen, der Stimmenthaltungen sowie etwaiger ungültiger Stimmen von der Zahl der insgesamt bei der jeweiligen Abstimmung in der Hauptversammlung vertretenen Stimmen errechnet. Wenn Sie mit Ja stimmen möchten, brauchen Sie bei der Abstimmung nicht tätig zu werden.

Die Abstimmungen zu den jeweiligen Tagesordnungspunkten werden mit Hilfe der Stimmabschnittsbögen vorgenommen, die Sie beim Einlass gegen Umtausch Ihrer Eintrittskarte erhalten haben. An den Stimmabschnittsbögen befinden sich zu jedem Tagesordnungspunkt abreißbare Stimmkärtchen.

Sofern ich nicht zu einer einzelnen Abstimmung eine andere Verfahrensart festlege, werde ich bei jeder Abstimmung gesondert zuerst nach den Nein-Stimmen und sodann nach den Enthaltungen fragen. Sofern Sie mit Nein stimmen oder sich Ihrer Stimme enthalten möchten, bitte ich Sie zu der jeweiligen Abstimmung um ein Handzeichen. Es wird dann einer unserer Stimmensammler mit einem Sammelbehälter zu Ihnen kommen. Nachdem auf diese Weise alle Nein-Stimmen und Enthaltungen eingesammelt worden sind, werden sich die Stimmensammler mit den Urnen zur zentralen Stimmerfassung hier vorne neben dem Wortmeldetisch begeben. Die Stimmauszählung wird durch Herrn Notar NN überwacht. Sobald die Auszählung beendet ist, werde ich das Abstimmungsergebnis bekannt geben.

Abstimmungsort

Bitte beachten Sie, dass Sie nur hier im eigentlichen Versammlungssaal aktiv Ihre Stimme abgeben oder sich der Stimme enthalten können. Beim Subtraktionsverfahren bedeutet das, dass Sie also nicht mit „Nein" oder „Enthaltung" stimmen können, wenn Sie sich bei der Stimmabgabe im Foyer oder auf den Toiletten aufhalten sollten. Da das Foyer und die Toiletten aber immer noch zum Präsenzbereich gehören, Sie also immer noch an der Hauptversammlung teilnehmen, wird Ihre nicht abgegebene Stimme in diesem Fall als Ja-Stimme gezählt. Bevor es zur Abstimmung kommt, werde ich noch einmal gesondert darauf hinweisen, so dass Sie genügend Zeit haben, sich in den Versammlungssaal zu begeben.

Grundsätzlich ist Ihre persönliche Anwesenheit hier im Versammlungssaal während der Abstimmung notwendig, falls Sie aktiv abstimmen wollen. Ich bitte Sie daher darum, dass Sie unmittelbar vor einer Abstimmung und während der Abstimmungsvorgänge den Saal möglichst nicht verlassen.

Vollmacht/Stimmrechtsvertetung

Sie können Ihr Stimmrecht auch durch einen Bevollmächtigten ausüben lassen. Falls Sie z.B. die Hauptversammlung vorzeitig verlassen, aber Ihr Stimmrecht nicht verfallen lassen möchten, können Sie eine Vollmacht auf einen anwesenden Mitaktionär, eine Aktionärsvertretung oder auf den Stimmrechtsvertreter der Gesellschaft, Herrn XY, ausstellen, der hier vorne links/rechts sitzt.

Für eine Vollmachtserteilung benutzen Sie bitte die Vollmachtsvordrucke. Diese liegen am Einlass für Sie bereit. Für eine wirksame Bevollmächtigung ist erforderlich, dass Sie den Vollmachtsvordruck vollständig ausfüllen und dem Bevollmächtigten Ihre Stimmkarte übergeben. Ich darf darauf hinweisen, dass bei einer Bevollmächtigung des Stimmrechtsvertreters der Gesellschaft in jedem Fall Weisungen erteilt werden müssen. Ohne Weisung ist die Vollmacht ungültig, da der Stimmrechtsvertreter der Gesellschaft verpflichtet ist, weisungsgebunden abzustimmen.

Generaldebatte

Die Diskussion über alle Tagesordnungspunkte findet in Form einer Generaldebatte im Anschluss an den Bericht des Vorstands im Rahmen von TOP 1 statt. In dieser Generaldebatte können alle Aktionäre und Aktionärsvertreter, die das Wort wünschen, ihre Fragen zu allen Tagesordnungspunkten der heutigen Hauptversammlung stellen. Der Vorstand wird diese Fragen dann beantworten.

Zur besseren Organisation bitte ich Sie, Wortmeldungen mit den am Wortmeldetisch hier vor der Bühne liegenden Formularen anzumelden. Nachdem Sie die Formulare ausgefüllt haben, geben Sie diese bitte hier am Wortmeldetisch wieder ab. Ich werde die Redner dann in der Reihenfolge der einzelnen Wortmeldungen aufrufen. Ich bitte Sie, nicht in den Saal zu rufen, sondern vom Rednerpult aus zu sprechen, damit alle Aktionäre Ihre Wortmeldung verstehen können.

Tagesordnung

Wir treten nun in die Erledigung der Tagesordnung ein, die Ihnen allen vorliegt und die ich gerade nochmals verlesen habe.

Zunächst zu Punkt 1 der Tagesordnung:

Vorlage des festgestellten Jahresabschlusses der Muster AG für das Geschäftsjahr 2007, des Lageberichts des Vorstands sowie des Berichts des Aufsichtsrats,
des gebilligten Konzernabschlusses für das Geschäftsjahr 2007 sowie des Konzernlageberichts. Der gebilligte Konzernabschluss, der Konzernlagebericht sowie der Bericht des Aufsichtsrats sind Bestandteil des vollständigen Geschäftsberichts, der Ihnen vorliegt.

Jahresabschluss, Konzernabschluss sowie Lagebericht und Konzernlagebericht
sind mit dem uneingeschränkten Bestätigungsvermerk des gewählten Abschlussprüfers, der Wirtschaftsprüfungsgesellschaft WP AG, Hamburg, versehen.

Erläuterung des Berichts des Aufsichtsrats gemäß § 176 Abs. 1 Satz 2 AktG

Der Aufsichtsrat hat den vom Vorstand vorgelegten Jahresabschluss, den Konzernabschluss, den Lagebericht und den Konzernlagebericht eingehend geprüft.
Gemeinsam mit dem Vorstand haben die Mitglieder des Aufsichtsrats in ihrer
Sitzung am 1. März 2008 alle im Zusammenhang mit den vorgenannten Unterlagen für das Geschäftsjahr 2007 aufgetretenen Fragen eingehend erörtert.

Information über Grundzüge des Vergütungssystems

Bevor ich gleich den Vorstandsvorsitzenden, Herrn Muster, um den Bericht des
Vorstands bitten werde, möchte ich Ihnen, meinen sehr verehrten Damen und
Herren, jedoch zunächst noch einen Überblick über das Vergütungssystem des
Vorstands geben. Hiermit möchte ich einer Empfehlung des Deutschen Corpora-
te Governance Kodex Folge leisten, welcher eine diesbezügliche Information der
Hauptversammlung vorsieht.

[Vorstellung des Vergütungsberichts]

Vorstandsrede

Nach diesen grundsätzlichen Informationen möchte ich nun Herrn Muster in
seiner Funktion als Vorsitzender des Vorstands unserer Gesellschaft um die Erstattung des Berichts des Vorstands bitten.

[Bericht des Vorstands]

Sehr geehrter Herr Muster, wir danken Ihnen für die interessanten Ausführun-
gen.

Generaldebatte

Wir beginnen nun die Generaldebatte. Sie haben als Aktionär die Möglichkeit, zu allen Tagesordnungspunkten zu sprechen und Fragen zu stellen. Der Vorstand wird zu Ihren Fragen Stellung nehmen und dabei nach Möglichkeit jeweils mehrere Diskussionsbeiträge gemeinsam beantworten. Soweit Fragen gestellt werden, die in die Zuständigkeit des Aufsichtsrats fallen, werde ich diese beantworten.

Ich habe schon auf die Formulare für Wortmeldungen hingewiesen, die Sie am Wortmeldetisch hier vor der Bühne erhalten können. Soweit Sie das Wort ergreifen möchten oder eine Frage stellen wollen, darf ich Sie bitten, zuvor Ihren Namen zu nennen und das Mikrofon hier vorne am Rednerpult zu benutzen.

Sehr geehrte Damen und Herren, ich eröffne hiermit die Generaldebatte zu allen Tagesordnungspunkten der heutigen Hauptversammlung.

[Redner werden durch den Versammlungsleiter aufgerufen]

Mir liegen erste Wortmeldungen vor. Als ersten Redner/in rufe ich Herrn/N.N. auf. Die nächste Wortmeldung liegt vor von Frau/Herrn...

[Diskussion]

Sehr geehrte Damen und Herren, vielen Dank für Ihre interessanten Beiträge und Fragen. Bevor ich die Generaldebatte beende, möchte ich mich vergewissern, dass alle Fragen hinreichend beantwortet sind.

Sind alle von Ihnen gestellten Fragen beantwortet worden?

[Blick in den Saal]

Das ist offensichtlich der Fall. Ich stelle daher fest, dass alle bisher gestellten Fragen beantwortet sind. Weitere Wortmeldungen liegen nicht vor. Ich schließe damit die Aussprache.

Feststellung TOP1

Ich stelle fest: Die Hauptversammlung hat den Jahresabschluss, den Konzernabschluss, den Lagebericht und den Konzernlagebericht der Muster AG sowie den Bericht des Aufsichtsrats für das Geschäftsjahr 2007 zur Kenntnis genommen. Zu Tagesordnungspunkt 1 findet keine Abstimmung statt.

Präsenz

Bevor wir nun mit den Abstimmungen beginnen, möchte ich zunächst die Präsenz feststellen. Das Teilnehmerverzeichnis ist inzwischen fertig gestellt worden und liegt mir vor. Die Präsenz lautet wie folgt: Das von mir unterzeichnete Teilnehmerverzeichnis übergebe ich dem Notar. Das Teilnehmerverzeichnis kann nunmehr hier vorne am Wortmeldetisch eingesehen werden.

Abstimmung

Bevor wir nun zu den Abstimmungen kommen, möchte ich noch einmal den Abstimmungsmodus erläutern:

[Wiederholung der Abstimmungsmodalitäten]

Wir kommen dann zu den Abstimmungen bezüglich der Tagesordnungspunkte 2 bis 4:

Unter TOP2 steht zur Beschlussfassung an: Entlastung der Mitglieder des Vorstands für das Geschäftsjahr 2007. Bei der unter TOP2 anstehenden Abstimmung über die Entlastung des Vorstands dürfen nach den gesetzlichen Vorschriften die Mitglieder des Vorstands das Stimmrecht weder für ihre eigenen noch für fremde Aktien ausüben. Ebenso wenig dürfen bei dieser Abstimmung Dritte das Stimmrecht aus Aktien ausüben, die einem der Mitglieder des Vorstands gehören. Die Zahl der Aktien, deren Stimmrecht hiernach ausgeschlossen ist, wurde festgestellt und dem Notar bekannt gegeben.

Meine Damen und Herren, zu diesem TOP2 liegt Ihnen der Vorschlag der Verwaltung vor. Die Verwaltung schlägt vor, den Mitgliedern des Vorstands Entlastung für das Geschäftsjahr 2007 zu erteilen.

Wir kommen nun zur Abstimmung über den Beschlussvorschlag, dem Vorstand für das Geschäftsjahr 2007 Entlastung zu erteilen.

[Weitere Beschlüsse werden in gleicher Weise abgearbeitet]

Feststellung des Abstimmungsergebnisses

Das Ergebnis der Abstimmung liegt mir jetzt vor.

[Verlesung der Abstimmungsergebnisse]

Beendigung der Hauptversammlung

Meine sehr verehrten Damen, meine Herren, wir sind damit am Ende der Tagesordnung angelangt. Ich möchte den Aktionären und Aktionärsvertretern für ihr Erscheinen, ihr Interesse, ihre Fragen und das Vertrauen, das sie der Verwaltung durch ihre Abstimmung gezeigt haben, danken. Ich schließe damit die heutige Hauptversammlung und darf Sie, verehrte Aktionäre und Gäste, nun noch zu einem kleinen Imbiss im Foyer einladen.

Auf Wiedersehen!

6.9   Organisation der Hauptversammlung

Timing: Wann ist der richtige Zeitpunkt?

Das Gesetz schreibt lediglich vor, dass die Hauptversammlung innerhalb von acht Monaten nach Abschluss des Geschäftsjahres durchzuführen ist. Da bei der ordentlichen Hauptversammlung der Jahresabschluss vorgelegt und über die Gewinnverwendung entschieden werden soll, scheiden jedoch in der Praxis die ersten drei bis vier Monate aus. Um über die Gewinnverwendung zu entscheiden, muss die Höhe des Gewinns nämlich zunächst einmal ermittelt werden. Hierfür benötigen die meisten börsennotierten Unternehmen etwa zwei bis drei Monate. Erst dann kann die Tagesordnung erstellt werden und die Einberufung erfolgen. Zwischen Einberufung und Durchführung der Hauptversammlung liegen üblicherweise sechs bis acht Wochen.

Bevor Sie jedoch den konkreten Termin festlegen, sollten Sie so weit wie möglich prüfen, inwieweit dieser mit anderen Veranstaltungen kollidiert. Das können z.B. Hauptversammlungen anderer Unternehmen sein, die in der gleichen Branche tätig sind oder ihre Hauptversammlung in der gleichen Stadt durchführen oder große Pressekonferenzen, Messen oder einfach nur Ferienzeiten.

Auch sollten Sie sich bereits über die voraussichtliche Dauer Gedanken machen. Ist Ihre Tagesordnung außergewöhnlich groß oder erwarten Sie aufgrund einzelner kritischer Punkte einen regen Diskussionsbedarf Ihrer Aktionäre, empfiehlt es sich, vorsorglich für zwei aufeinander folgende Tage einzuladen. Gelingt es nämlich Aktionären, die Beschlussfassungen über den Kalendertag hinaus zu verzögern, das heißt bis 0 Uhr, so muss die Hauptversammlung einschließlich des langwierigen Einberufungsverfahrens wiederholt werden, was in der Regel rund sechs bis acht Wochen in Anspruch nimmt und neben der Zeit auch Geld kostet. Durch die vorsorgliche Einladung für den Folgetag im Vorfeld kann hier Abhilfe geschaffen werden.

Fast selbstverständlich ist, dass an dem angestrebten Termin sowohl alle Mitglieder des Vorstands als auch des Aufsichtsrats verfügbar sein müssen.

Die Qual der Wahl: Der Versammlungsraum

Steht der Termin fest, sollten potenzielle Versammlungsräume unter die Lupe genommen werden. Die Kriterien für die Auswahl des Ortes sind vielfältig. In Frage kommen Congress Center, Hotels oder aber auch stillgelegte Industriehallen.

Das K.o.-Kriterium ist sicherlich die Größe des Versammlungssaals. Hierzu sollten Sie auf Erfahrungswerte zurückgreifen. Hatten Sie in der Vergangenheit durchschnittlich 200 Teilnehmer bei Ihren Hauptversammlungen, so ist unter normalen Umständen nicht davon auszugehen, dass plötzlich 1000 oder mehr Personen auftauchen.

Sollten Sie über keine Erfahrungswerte verfügen, weil Sie bei einem mittelständischem Unternehmen beschäftigt sind, das gerade seine erste Hauptversammlung nach dem Börsengang vorbereitet, dann planen Sie großzügig.

Die Bandbreite der Teilnehmerzahlen bei Hauptversammlungen mittelständischer Aktiengesellschaften reicht in Deutschland von 100 bis etwa 400 Teilnehmer. Suchen Sie sich beispielsweise einen großen Raum aus, der zur Not noch einmal geteilt werden kann. So können Sie flexibel auf den aktuellen Anmeldestand reagieren. Nichts ist schlimmer als ein Saal, der optisch leer wirkt. Dies hinterlässt grundsätzlich den Eindruck von fehlendem Interesse an Ihrer Gesellschaft.

Darüber hinaus sollten Sie unbedingt eine Anzeige in den Wertpapiermitteilungen schalten, um einen Anhaltspunkt für die Teilnehmerzahl zu bekommen (siehe folgenden Abschnitt: „Die Einladung zur HV – Weniger kann auch mehr sein").

Für die Größe des Saals ist auch die Bestuhlung ausschlaggebend. Möchten Sie Unterlagen an den Plätzen (Unternehmensbroschüren, Geschäftsbericht, Zwischenberichte) auslegen, empfiehlt sich eine parlamentarische Bestuhlung, ansonsten genügt auch eine Theaterbestuhlung. Durchaus gängig ist auch eine Mischform: Für einige Gäste wie Presse oder Bankenvertreter werden ein bis zwei Reihen mit parlamentarischer Bestuhlung zur Verfügung gestellt, für die übrigen Teilnehmer Theaterbestuhlung. Bankettbestuhlung oder U-Formen sind hingegen unüblich.

Achtung!

Achten Sie auch darauf, dass der Zugang zum Versammlungssaal behinder-
tengerecht ist. Auch dies ist ein wichtiger Punkt mit Blick auf mögliche Anfech-
tungsklagen.

Ein kritischer Punkt ist häufig auch die Möglichkeit, ein Backoffice einzurichten, in dem Experten aus verschiedensten Bereichen des Unternehmens sitzen,
die den Vorstand bei der Beantwortung der Fragen Ihrer Aktionäre aus dem Hintergrund unterstützen (siehe Abschnitt 6.4).

Im Idealfall können Sie das Backoffice von der Bühne aus erreichen, ohne durch
den ganzen Saal zu gehen. Das spart Zeit und ist vor allem diskret und unauffäl-
lig. Sollten Sie den für Sie geeigneten Raum bereits gefunden haben, in dem
aber die Einrichtung eines Backoffice in unmittelbarer Nähe nicht darstellbar ist,
empfiehlt es sich, ein elektronisches Kommunikationssystem einzurichten. Die
meisten HV-Dienstleistungsunternehmen bieten derartige Chat-Systeme an.

Die Einladung zur HV – Weniger kann auch mehr sein

Neben der Anzeige im elektronischen Bundesanzeiger benötigen Sie eine schrift-
liche Einladung für Ihre Aktionäre. Bei einer hohen Zahl von Aktionären kann
sich die Einladung aber schnell als Kostenfalle erweisen. Aufwändige Druck-
techniken, besonderes Papier oder ausgefallene Formate sind dabei die Kosten-
treiber. Das mag zwar alles schön aussehen, aber danken wird es Ihnen niemand.
Denn besser können Sie Ihren Anteilseignern kaum demonstrieren, dass Sie relativ verantwortungslos mit dem durch die Aktionäre zur Verfügung gestellten
Geld umgehen.

Mit teuren Papieren etc. treiben Sie die Produktionskosten der Einladung unnötig in die Höhe. Viel wichtiger ist jedoch das Portoargument: Für die Weiter-
leitung der Einladungen an Ihre Aktionäre erheben die Banken Gebühren und
verlangen einen Portoersatz. Durch ein paar Gramm weniger oder durch die
Anwendung von Standardformaten lassen sich hier schnell einige Zehntausend
Euro einsparen.

Damit Sie darüber hinaus nicht zu viele Einladungen produzieren lassen, empfiehlt sich etwa drei bis vier Monate vor der Hauptversammlung eine Anzeige in
den Wertpapiermitteilungen. In dieser Anzeige kündigen Sie Ihren voraussichtlichen Hauptversammlungstermin an und bitten die Kreditinstitute, ihren Bedarf
an Einladungen und Geschäftsberichten mitzuteilen. Dadurch erhalten Sie früh-

zeitig einen Überblick hinsichtlich der benötigten Einladungsauflage und können auch in etwa abschätzen, wie hoch die Teilnehmerzahl voraussichtlich sein wird. Wenn Sie dieses Prozedere alljährlich wiederholen, haben Sie eine gute Basis für Hochrechnungen.

In der Regel übernimmt die Auswertung der Anforderungen der Kreditinstitute das von Ihnen beauftragte Dienstleistungsunternehmen, das auf Hauptversammlungsservice spezialisiert ist.

Praxistipp

Üblicherweise werden auch Gäste zu einer Hauptversammlung eingeladen. Dies können Geschäftspartner, Kunden, Bankenvertreter, Wirtschaftsprüfer oder auch Schüler und Studenten sein. Denken Sie auch an die Produktion von Gästekarten, damit Ihre Gäste nicht am Einlass abgewiesen werden.

Das angemessene Catering: Sekt oder Selters?

Kartoffelsalat mit Bockwürstchen oder doch lieber ein feines Menü vom Sternekoch? Die Wahl des Caterings sollte in einem angemessenen Verhältnis zum präsentierten Jahresergebnis stehen. Für den Veranstalter ist das Essen vielleicht nur Nebensache, bei den Aktionären sorgt es durchaus für Emotionen. Ist das Fleisch zu zäh oder der Kaffee zu kalt, führt dies unweigerlich zu Diskussionen. Diskussionen, die Sie sich eigentlich besser sparen sollten. Denn schließlich ist ja das Ziel der Hauptversammlung, dass die Aktionäre Ihren Vorschlägen folgen sollen und entsprechend für Ihre Tagesordnungspunkte abstimmen.

Einige Gesellschaften haben in der Vergangenheit gar den Versuch gewagt, auf eine Bewirtung ihrer Aktionäre zu verzichten. Dies ist eher ein Akt der Unhöflichkeit und symbolisiert auf schlechte Art und Weise Ihre Wertschätzung gegenüber den Aktionären. Ist das präsentierte Jahresergebnis auch noch so schlecht, eine gewisse Grundversorgung mit Getränken und beispielsweise belegten Brötchen sollte immer gewährleistet sein. Zumal die Verköstigung der Aktionäre einer Hauptversammlung nur einen Bruchteil der Gesamtkosten ausmacht.

Jedoch kann ein üppiges Menü auch nicht über schlechte Nachrichten hinwegtäuschen. Im Gegenteil: Servieren Sie Ihren Aktionären gleichzeitig schlechte Zahlen und ein exquisites Essen, wird Ihnen der ein oder andere vorwerfen, schlecht mit Ihrem Budget zu haushalten.

Praxistipp

Denken Sie bei der Auswahl der Speisen auch immer daran, ein vegetarisches Gericht anzubieten.

Ohne Technik geht es nicht

Nach Definition von Termin und Ort geht es an die Festlegung der benötigten Technik. Eine ausreichende Zahl von Mikrofonen für die Redner versteht sich mehr oder weniger von selbst. Je nach Größe der Hauptversammlung empfiehlt sich auch ein Rednerpult für die Beiträge und Fragen der Aktionäre. Bei einer überschaubaren Veranstaltung können auch Mikrofone ins Publikum gereicht werden. Bedenken Sie aber, dass die Hemmschwelle für Wortbeiträge deutlich größer ist, wenn der Redner an einem eigenen Pult vor das Publikum treten muss. Dies führt also dazu, dass wirklich nur die reden, die auch etwas zu sagen haben.

Bei der Beschallung gilt es zu beachten, dass auch Nebenräume mit einbezogen werden, sofern sie zum Präsenzbereich gehören. Der Präsenzbereich beginnt dort, wo die Aktionäre sich registrieren. Liegen also die Toiletten hinter diesem Punkt, sind auch diese zu beschallen. Hintergrund ist, dass ansonsten ein Aktionär den Aufruf zur Abstimmung verpassen und anschließend die HV anfechten könnte.

In der Regel zeigen die Gesellschaften auch eine Präsentation. Diese wird meistens über einen Beamer auf eine Leinwand projiziert. Prüfen Sie aber vorher, ob das Bild auch von jedem Platz im Saal aus erkennbar ist. Im Zweifel stellen Sie zusätzliche Bildschirme (z.B. große LCD- oder Plasma-TVs) in den Gängen auf, damit wirklich jeder Aktionär der Präsentation folgen kann. Auch die Lichtverhältnisse sollten schon bei der Auswahl des Tagungsraums überprüft werden. Bei Projektion auf eine Leinwand muss sich der Raum verdunkeln lassen.

Das A und O in Sachen Technik sind die Registrierungs- und die Abstimmungssoftware. Hier sollten Sie keine Experimente wagen und sich auf die erprobte und bewährte Technik Ihres HV-Dienstleistungsunternehmens verlassen. Nur die wenigsten Gesellschaften verfügen hier über ein eigenes System. Die HV-Dienstleister bieten auch seit einigen Jahren elektronische Abstimmungssysteme an, die den Auszählungsprozess natürlich erheblich beschleunigen. Allerdings stehen Kosten und Nutzen hier für die kleinen bis mittelständischen Unternehmen im Missverhältnis.

Kleine Geschenke erhalten die Freundschaft

Üppige Präsente wie zu Zeiten des Neuen Marktes sind heutzutage nicht mehr üblich, dennoch freuen sich die Aktionäre immer über eine kleine Aufmerksamkeit.

Zumindest Streuartikel wie Feuerzeuge, Blöcke und Stifte sollten Sie Ihren Anteilseignern anbieten. Etwas wertiger, aber trotzdem nicht teuer, sind Werbeartikel wie Mousepads, USB-Sticks oder kleine Taschenlampen. Ihrer Fantasie sind hier keine Grenzen gesetzt.

Schön ist natürlich, wenn das Präsent einen Bezug zum Unternehmen hat. Wenn Sie beispielsweise ein produzierendes Unternehmen sind, denken Sie doch einmal darüber nach, ob Sie Ihren Aktionären nicht Produktproben anbieten können. Gerne genommen sind auch Rabattmarken oder Gutscheine aller Art.

Doch Vorsicht: Wenn Sie zu großzügig sind, spricht sich das sehr schnell herum und kann zu steigenden Teilnehmerzahlen bei zukünftigen Hauptversammlungen führen.

Service ist alles: Die Aktionäre begeistern

Auch am Tag der Hauptversammlung können Sie mit relativ kleinen Mitteln einen großen Eindruck hinterlassen. Überraschen Sie Ihre Aktionäre doch an einem regnerischen Tag mit Leih-Regenschirmen am Parkplatz.

Auch die Integration eines ÖPNV-Tickets in die Eintrittskarte ist eine preisgünstige, aber geschätzte Aufmerksamkeit. Dazu vielleicht noch ein Shuttle-Service vom nächstgelegenen Hauptbahnhof zum Veranstaltungsort, falls dieser mit öffentlichen Verkehrsmitteln schwer erreichbar ist.

Zu den Services während der Hauptversammlung zählen eine Garderobe, die Ausgabe von aktuellen Tageszeitungen und die Auslage von Informationsmaterial.

6.10   Potenzielle HV-Locations in Deutschlands Metropolen

Die folgenden Tabellen listen mögliche Räumlichkeiten für Ihre nächste Hauptversammlung auf. Berücksichtigt sind die Städte Berlin, Düsseldorf, Frankfurt am Main, Hamburg und München.

Berlin
dbb forum berlin
Estrel Convention Center
Ludwig Erhard Haus
Internationales Congress Centrum (ICC Berlin)
Palisa.de GmbH Tagungs- und Veranstaltungszentrum
MDC.C – Max Delbrück Communications Center

Tabelle 5:   *HV-Tagungsorte in Berlin*

Düsseldorf
Congress Center Düsseldorf
Hotel Intercontinental
Rheinterrasse
Wöllhaf Konferenz- und Bankettcenter

Tabelle 6:   *HV-Tagungsorte in Düsseldorf*

Frankfurt a. M.
Commerzbank AG
Deutsche Bank AG
Deutsche Bibliothek
Alte Oper
Congress Center Messe

Tabelle 7:   *HV-Tagungsorte in Frankfurt a.M.*

Hamburg
Congress Center Hamburg (CCH)
Handelskammer Hamburg
Operettenhaus
Curio Haus
Hotel Hafen Hamburg

Tabelle 8:   *HV-Tagungsorte in Hamburg*

München
Internationales Congress Center Messe München
Hilton Hotel
Arabella Sheraton Grand Hotel
Literaturhaus

Tabelle 9:   *HV-Tagungsorte in München*

7. Zielgruppen und ihre Anforderungen an die Investor Relations

7.1 Investmentanalysten

Analysten sind das Bindeglied zwischen börsennotierten Unternehmen und institutionellen Anlegern. Sie beschaffen Informationen mit dem Ziel, hieraus Kapitalanlageentscheidungen vorzubereiten und zu veröffentlichen. In ihren Studien überführen sie die einzelnen Informationen in eine bewertete Darstellung der Unternehmen, ihrer Zukunftsaussichten und Gewinnerwartungen. Aus den gewonnenen Erkenntnissen wird eine Handlungsempfehlung für institutionelle Anleger abgeleitet.

Durch ihre Empfehlungen können Kurse von Aktien signifikant beeinflusst werden. Ebenso kann das Handelsvolumen mit steigender Zahl von Studien der Analysten deutlich zunehmen.

Innerhalb der Gruppe der Analysten wird zwischen den so genannten Sell-Side und Buy-Side Analysten unterschieden. Sell-Side Analysten arbeiten in der Regel für Banken, Broker oder unabhängige Analysehäuser, die ihre Studien an institutionelle Anleger verkaufen. Buy-Side Analysten sind hingegen angestellte Mitarbeiter der institutionellen Investoren, die ihre Studien ausschließlich für hausinterne Zwecke erstellen. Die Studien der Buy-Side Analysten bekommen Sie in der Regel nicht zu sehen.

Analysten sind meist auf bestimmte Branchen spezialisiert (z.B. Energie, Technik, Internet, Handel) und beobachten nur Unternehmen, die sich in ihre Branche einordnen lassen. Das hat zur Folge, dass sie auf „ihrem" Gebiet Experten sind und häufig mit sehr komplexen Fragen an Sie herantreten. Es genügt also nicht, die Geschäftszahlen des Unternehmens zu beherrschen, denn die kennt der Analyst im Zweifel selbst und hat sie in seinen umfangreichen Modellen bereits aus jedem erdenkbaren Blickwinkel analysiert. Vielmehr interessiert sich der Analyst für das, was sich nicht aus Jahresabschluss und Co herleiten lässt. Das sind insbesondere die so genannten Softfaktoren wie z.B. Know-how, Schutz geistigen Eigentums, Innovationsfähigkeit, Markteintrittsbarrieren für potenzielle Wettbewerber, Kundenzufriedenheit.

Ihre Informationen beziehen Analysten vor allem aus dem regelmäßigen Kontakt mit dem Unternehmen. Erste Anlaufstelle ist der Investor Relations Manager des Unternehmens. Von Zeit zu Zeit sollte auch ein persönliches Hintergrundgespräch mit dem Vorstand ermöglicht werden. Nicht, dass der Analyst dort unbedingt mehr erfahren würde als im Gespräch mit Ihnen, aber es zeugt schon von einer gewissen Wertschätzung seiner Person, wenn der Vorstand sich Zeit für ihn nimmt.

Eine Werksbesichtigung, falls realisierbar, kann sehr hilfreich sein, um unternehmensspezifische Abläufe besser zu verstehen. Der Blick hinter die Kulissen macht das Analyseobjekt greifbarer und fördert das gegenseitige Vertrauen. Denn am Telefon können Sie dem Analysten viel erzählen.

Von eher untergeordneter Bedeutung ist für diese Zielgruppe, dass sie an Aktionärsmessen teilnehmen. Dies ist eher ein Forum für Privatpersonen. Ausführliche und tiefer gehende Gespräche sind bei dieser Plattform nicht möglich. Ebenso werden Sie kaum einen Analysten mit Imageanzeigen in Zeitungen, Zeitschriften, Radio oder Fernsehen beeindrucken können.

7.2 Finanzjournalisten

Die Finanzjournalisten sind wie die Analysten an der Beobachtung Ihres Unternehmens interessiert. Im Gegensatz zu den Analysten schreiben sie jedoch meistens keine detaillierten Studien, sondern sind auf der Suche nach News. Der Journalist möchte am liebsten exklusiv und als erster über Neuigkeiten rund um Ihr Unternehmen berichten.

Das Spektrum der beobachteten Unternehmen ist breit. Denn schließlich erscheinen die Medien der Journalisten regelmäßig und müssen gefüllt werden. Aufgrund der häufig eng geplanten Terminkalender sind Journalisten somit auch zum größten Teil nicht in der Lage, an besonderen Angeboten, wie Werksbesichtigungen, teilzunehmen.

Die wichtigste Kommunikationsmaßnahme aus Sicht des Journalisten stellt die Pressemitteilung dar. Daher möchte ich Ihnen im folgenden Exkurs drei Tipps zu Aufbau, Inhalt und Stil einer Pressemitteilung mit auf den Weg geben.

Exkurs: Drei Grundregeln für eine erfolgreiche Pressemitteilung

1. *Finden Sie einen Anlass:* Eigentlich sollte es selbstverständlich sein, doch in der Praxis ist immer wieder zu beobachten, dass Unternehmen Pressemitteilungen publizieren, um Pressemitteilungen zu publizieren und nicht, weil es einen Grund dafür gibt. Idealerweise verfügt Ihre Mitteilung über einen gewissen Newswert oder aber zumindest über etwas Originelles. Eine weitere Möglichkeit ist, zu aktuellen oder brisanten Themen Stellung zu beziehen.

2. *Das Wichtigste zuerst:* Insbesondere in den Redaktionen der Tagesmedien ist grundsätzlich Hektik an der Tagesordnung. Wenn Sie möchten, dass der Inhalt Ihrer Pressemitteilung aufgenommen wird, sollten Sie es den Journalisten so einfach wie möglich machen. Wenn er sich erst durch ein Dickicht an allgemeinen Informationen über das Unternehmen wühlen muss, bevor er die eigentliche Neuigkeit findet, wird der Journalist sich an nachrichtenreichen Tagen lieber für eine andere Geschichte entscheiden. Informationen zum Unternehmen, Kontaktdaten und Ansprechpartner gehören auch in eine Pressemitteilung, aber bitte sichtbar abgesetzt ans Ende.

3. *Sprechen Sie eine verständliche Sprache:* Lange Schachtelsätze oder Fachbegriffe müssen durch den Journalisten für den Leser in verständliches Deutsch „zurückübersetzt" werden. Eine Arbeit, die Sie ihm durch einfachen Satzbau und Vermeidung oder Erklärung von Fachtermini ersparen können. Zudem laufen Sie so nicht Gefahr, falsch verstanden zu werden. Dass die Meldung formal fehlerfrei sein sollte, versteht sich von selbst.

7.3   Institutionelle Anleger

Institutionelle Anleger können Versicherungsgesellschaften, Pensionsfonds, Kapitalanlagegesellschaften oder auch Banken sein, die regelmäßig großen Anlagebedarf haben. Diese Anleger beeinflussen mit ihren umfangreichen Investitionen und Desinvestitionen erheblich das Geschehen an den Finanzmärkten.

Ihre Anlageentscheidungen treffen institutionelle Anleger häufig auf Basis der Informationen von Analysten. Größere Fondsgesellschaften verfügen dabei in der Regel über so genannte Buy-Side Analysten, die ausschließlich für sie recherchieren (siehe Abschnitt 7.1).

Einige institutionellen Anleger nutzen die Studien der Analysten, um sich Anlageideen zu holen und anschließend tiefer in die eigene Recherche einzusteigen. Der Analyst nimmt sozusagen eine Art Vorauswahl vor.

Je nach Anlageschwerpunkt sind die institutionellen Anleger unterschiedlich spezialisiert. So existieren beispielsweise Anlageprodukte, die sich auf bestimmte Themen oder Branchen konzentrieren (z.B. Nachhaltigkeit oder Automobilbranche), andere wiederum orientieren sich an Unternehmensgröße und/oder Herkunft (z.B. europäische Schwergewichte oder asiatische Small-Caps) oder an besonderen Unternehmenssituationen (Übernahmespekulationen, hohe Dividendenrenditen, Turn-around Stories).

Wenn Sie also ein Treffen mit einem institutionellen Anleger vereinbaren, sollten Sie sich vorab einige Informationen zu seinem Portfolio und zu seiner Anlagestrategie zukommen lassen. Dies erleichtert Ihnen die Vorbereitung auf das Gespräch. So wird ein Branchenexperte sicherlich deutlich mehr zu Marktstellung und Produkten wissen wollen, als dies ein Fondsmanager tut, der lediglich auf eine Übernahme Ihres Unternehmens spekuliert. Dementsprechend können sie eine auf seine Bedürfnisse ausgerichtete Präsentation erarbeiten.

7.4   Kleinanleger

Kaum eine Zielgruppe ist heterogener als die der Kleinanleger. Insofern ist es auch schwierig, ihren Erwartungen in jeder Hinsicht gerecht zu werden. Denn wie es im Leben nun mal so ist, man kann es nicht jedem recht machen.

Die Kleinanleger in Deutschland sind sich ihrer Rechte häufig gar nicht bewusst. Viele glauben, dass sie nur ein eingeschränktes Auskunftsrecht hätten, da sie ja auch nur einen kleinen Teil des Grundkapitals für sich beanspruchen können. Diesen Verdacht sollten Sie erst gar nicht aufkommen lassen. Betonen Sie ruhig immer wieder, dass jeder Aktionär gleich wichtig ist und auch über gleiche Rechte verfügt. Das ist nicht nur Bauchpinsel, sondern auch Stand der Gesetzgebung in Deutschland.

Viele Kleinanleger lassen ihre Interessen gemeinschaftlich vertreten. Hierfür gibt es Verbände wie beispielsweise die Schutzgemeinschaft der Kapitalanleger, kurz SDK, oder die Deutsche Schutzvereinigung für Wertpapierbesitz, DSW. Beide Verbände sind als Vereine organisiert, in denen jeweils zehntausende Mitglieder ihre Stimmrechte bei Hauptversammlungen vertreten lassen können, rechtliche Auskünfte bekommen oder sogar Unterstützung bei der Einreichung von Sammelklagen erhalten.

Insbesondere vor der Hauptversammlung empfiehlt es sich, mit diesen Verbänden Kontakt aufzunehmen und in einem Vorgespräch kritische Punkte zu klären. In der Regel kennt der für Ihre Region zuständige Verbandsvertreter diese Vorgehensweise, zumal es nicht nur für Sie, sondern auch für ihn eine Hilfe ist.

Aufgrund der Vielzahl der Kleinanleger können Sie diese Gruppe nur schwer aktiv persönlich ansprechen. Alles, was Sie tun können, ist so viel Service wie nur möglich anzubieten. Dazu zählt die Bereitstellung ausführlicher Informationen auf der Internetseite, die Einrichtung einer telefonischen Aktionärshotline, der Aufbau eines Verteilers, in dem sich Aktionäre einschreiben können, um regelmäßige Informationen zu erhalten usw. Auch den Zugang zu Analystenpräsentationen und Pressemitteilungen sollten Sie für Kleinanleger ermöglichen. Je mehr Transparenz Sie bieten, desto weniger Spekulationen gibt es hinsichtlich einer möglichen Ungleichbehandlung.

Praxistipp

Obwohl das Internet heutzutage eines der wichtigsten Kommunikationsmedien darstellt, gibt es immer noch eine Reihe von Kleinaktionären, die nicht „online" sind. Bieten Sie daher auch die Möglichkeit an, Informationen zu Ihrem Unternehmen auf dem Postweg oder per Telefax zu beziehen.

Den persönlichen Kontakt ermöglichen Sie den Kleinanlegern durch Ihre Teilnahme an Aktionärsforen, Messen und Börsentagen, die in fast allen größeren deutschen Städten regelmäßig stattfinden.

8. Dienstleister und ihre Bedeutung

8.1 Emissionsberater

Der Gang an die Börse stellt für die meisten Unternehmen einen Höhepunkt in ihrem Geschäftsleben dar, er ist aber auch für das involvierte Management ein komplexer Vorgang. Ein Börsengang muss daher sorgfältig durchdacht und geplant werden. Deshalb wird zunehmend die objektive Unterstützung bankenunabhängiger Emissionsexperten als Berater gesucht.

Das Fundament eines jeden Börsengangs ist ein schlüssiges Emissionskonzept, in dem sowohl die Wünsche der Altgesellschafter als auch der Finanzbedarf des Unternehmens in Einklang gebracht werden mit den Erwartungen und Usancen des Kapitalmarktes und unter Beachtung der Spielregeln des gesetzlichen Regelwerkes.

Es geht um Fragen des Timings, des Emissionsumfangs, der Optimierung zwischen Kapitalerhöhung und Altgesellschafterabgaben und der Fragen der Aufrechterhaltung von Einflüssen.

Der Emissionsberater unterstützt Sie bei der Auswahl der Konsortialbanken. Hierbei ist die Trennung von „Spreu und Weizen" nicht leicht, denn nicht jedes Emissionshaus ist für jeden Börsenaspiranten der richtige Federführer!

Beginnend mit der gemeinsamen Erarbeitung eines kapitalmarktgerechten Exposés, über das Coachen der Vorstände für die börsengerechte Präsentation vor den Banken bis hin zur Analyse und Einschätzung der Aussagen, Bewertungen und realen Leistungsprofile der einzelnen Bank erstreckt sich ein konstruktiver Einsatzbereich für einen Emissionsberater. Er steht Ihnen außerdem bei der Verhandlung Ihrer Vertragskonditionen zur Seite und kann diese aufgrund seiner Erfahrung wesentlich besser bewerten und dem Unternehmen so einen Mehrwert bieten.

Einer der wichtigsten Erfolgsfaktoren eines Börsenganges ist eine treffende Equity Story: Sie soll dem Markt anpreisend, aber dennoch realistisch die Stärken des Unternehmens, seine Alleinstellungsmerkmale, das Besondere und Innovative seiner Technologien, seine Wachstumstreiber und -chancen – oder kurz gesagt – die Gründe für eine Investition in diese künftige Aktie näher bringen.

Auch nach erfolgter Mandatsvergabe an die konsortialführende Bank ist die Rolle des Beraters keinesfalls beendet. Sie konzentriert sich jetzt vorrangig auf die Wahrung und Vertretung der Interessen des Unternehmens gegenüber Banken, Börse, Wirtschaftsprüfern und Anwälten. Eine engagierte Interessenvertretung ist besonders bei der Darlegung des Geschäftsplans in der Plausibilitätsprüfung (Due Diligence), bei der Unternehmensbewertung (Pricing) bis hin zum Zuteilungsprozess im Interesse von Mitarbeitern und Geschäftsfreunden gefragt.

Grundsätzlich kann und will ein Emissionsberater nicht die Führungsrolle einer Bank übernehmen, ebenso kann er nicht das spezifische Know-how von Wirtschaftsprüfern, Steuerexperten und Gesellschaftsrechtlern ersetzen. Aufgrund seines übergreifenden Erfahrungsschatzes übernimmt er eher die Aufgabe eines Koordinators des gesamten Prozesses.

8.2   IR-Agentur

Eine Vielzahl von Unternehmen greift im Rahmen ihrer Finanzkommunikation auf die Dienste externer Berater zurück. Das Leistungsspektrum so genannter IR-Agenturen ist vielfältig. Es reicht von der Formulierung von Presse- und Ad-hoc-Mitteilungen über die Pflege der IR-Website, die Erstellung von Redemanuskripten, die Organisation von Events bis hin zur Erstellung des Geschäftsberichts. Viele Agenturen bieten auch Kreativleistungen und übernehmen die Gestaltung der Unternehmenspublikationen.

Je nach Bedarf können einzelne Leistungen aus dem Baukasten eingekauft oder sogar die komplette IR-Arbeit ausgelagert werden. Doch wer nimmt diese Leistungen in Anspruch?

Der Komplettservice wird meistens von kleinen bis mittelgroßen Unternehmen gebucht, insbesondere während des Börsengangs. Gesellschaften, die bereits länger notiert sind, verfügen in der Regel über eigene Kapazitäten. Hier wird dann projektbezogen die Unterstützung durch eine externe Agentur gesucht.

In den letzten Jahren hat sich eine Reihe von Agenturen am Markt aufgetan, die um die Gunst der börsennotierten Unternehmen buhlen. Einige von ihnen sind schon wieder verschwunden, andere haben sich etabliert. Der Markt ist stark fragmentiert, so dass die Auswahl einer geeigneten Agentur ein sorgfältiges, geplantes Vorgehen bedingt. Daher empfehle ich Ihnen, sich mehrere Anbieter anzuschauen, wenn Sie denn Einsatz einer IR-Agentur planen.

Bei diesem Auswahlverfahren (auch Beauty Contest genannt) werden in der Regel drei bis fünf Agenturen eingeladen. Als Grundlage für die Präsentation dient ihnen das Briefing des Auftraggebers. An der Präsentation stellen die Agenturen ihr Unternehmen vor und zeigen erste Lösungsansätze für die gestellte Aufgabe. Die Agenturpräsentation ist für den Auftraggeber kostenlos.

Bei der Auswahl einer Agentur kommt dem Briefing große Bedeutung zu. Je genauere Angaben die Agentur vom Auftraggeber erhält, desto präziser kann sie anlässlich der Präsentation auf seine Bedürfnisse und Vorstellungen eingehen. Ein professionelles Briefing sorgt zudem für Effizienz im Präsentationsablauf und trägt zu vergleichbaren Präsentationen bei. Die folgende Checkliste soll Sie bei der Vorbereitung unterstützen:

Checkliste Agenturbriefing

✓ Zum Unternehmen:

- Organisationsstruktur
- Kurzprofil Ihres Unternehmens
- Branchenbeschreibung

✓ Angaben zum Markt und zur Marktpositionierung:

- Marktübersicht (Volumen, Segmente)
- Wichtigste Wettbewerber
- Wichtigste Kunden
- Aufteilung der Marktanteile
- Stärken und Schwächen des Unternehmens
- Wettbewerbsvorteile

✓ Zur Aufgabenstellung:

- Gründe für die Agenturansprache
- Beschreibung der aktuellen Situation und der Problemstellung
- Ziele, die erreicht werden sollen
- Zielgruppen, die angesprochen werden sollen
- Zeitplan

✓ Zu den Erwartungen an die Agentur:

   – Vorstellung der Agentur
   – Erste gedankliche Ansätze zur Problemstellung und Lösung
   – Konkrete Überlegungen und Lösungsansätze

✓ Zur Vertraulichkeit:

   – Ist vorab eine Geheimhaltungserklärung oder Vertraulichkeitsvereinbarung
     zu unterzeichnen?

✓ Zur Präsentation der Agentur:

   – Datum, Zeit, Ort und Ansprechpartner
   – Vorgesehene Präsentationszeit und Agenda
   – Teilnehmer auf Kundenseite, Funktion der Teilnehmer
   – Vorhandene technische Hilfsmittel (Beamer oder Ähnliches)
   – Entscheidungstermin

8.3   Wirtschaftsjuristen

An dieser Stelle möchte ich den deutschen Biologen und Mediziner August Bier (1861 – 1940) zitieren, der sagte: „Jedes Ding lässt sich von drei Seiten betrachten, von einer wirtschaftlichen, einer juristischen und einer vernünftigen."

Mit der zunehmenden Regulierung der Märkte wird die juristische Unterstützung unverzichtbar. Im Zuge Ihrer Tätigkeit als IR-Verantwortlicher werden Sie mehr und mehr mit Fragestellungen konfrontiert, die einen juristischen Hintergrund erfordern. Sei es die Entscheidung, ob ein bestimmter Sachverhalt eine Ad-hoc-Pflicht auslöst, die Prüfung der HV-Tagesordnung oder gar die Erstellung eines Wertpapierprospekts im Zuge von Kapitalmaßnahmen.

Fettnäpfchen und Fehlerquellen gibt es viele. Und Aktionäre, die nur auf gesellschaftsrechtliche Entgleisungen warten, auch. Sparen Sie also nicht am falschen Ende und schalten Sie – wo notwendig – immer einen Juristen ein.

8.4   Designated Sponsor

Liquidität lockt Liquidität. Designated Sponsors sind spezialisierte Finanzdienstleister, Banken oder Wertpapierhandelshäuser, die im elektronischen Handel verbindliche Preislimits für den An- und Verkauf von Aktien, so genannte
Quotes, zur Verfügung stellen und damit temporäre Ungleichgewichte zwischen
Angebot und Nachfrage in weniger liquiden Aktien überbrücken. Sie sorgen für
zusätzliche Liquidität in einem Aktienwert; ob auf eigene Initiative, auf Anfrage
der Marktteilnehmer (Quote-Request) oder in Auktionen.

Der Designated Sponsor ist ausschließlich im elektrischen Xetra-Handel der
Deutschen Börse aktiv und muss dort als Handelsteilnehmer zugelassen sein.
Designated Sponsors sind in der Regel durch ein Unternehmen beauftragt, sie
können aber auch von sich aus tätig werden.

Für eine Notierung im fortlaufenden Handel kann es je nach Liquidität der Aktie
erforderlich sein, mindestens einen Designated Sponsor als Liquiditäts-Provider
zu verpflichten, unabhängig von einer Zulassung zum Prime oder General Standard. Um die Liquidität im Handel zu erhöhen, empfiehlt die Deutsche Börse,
zwei Designated Sponsors zu verpflichten. Die Notierung im fortlaufenden Handel ist eine der Voraussetzungen für die Aufnahme der Aktie in die Auswahlindizes.

Die Deutsche Börse legt an die Performance der Designated Sponsors hohe Qua-
litätskriterien an. Sie misst laufend die Leistung der Designated Sponsors, überprüft alle Quotes auf Einhaltung der Anforderungen und veröffentlicht regelmäßig die Ergebnisse.

Ein Designated Sponsor erfüllt neben seiner eigentlichen Aufgabe, der Erhaltung
der Liquidität der betreuten Aktien, auch oft zusätzliche Leistungen. So bieten
größere Bankenhäuser an, Researchberichte zum Unternehmen zu erstellen und
die Gesellschaften bei der Organisation von Investorenveranstaltungen zu unterstützen. Fast schon gang und gäbe ist ein regelmäßiger Marktbericht. Einige
wenige Designated Sponsors geben ihren Kunden die Möglichkeit, Realtime-
Kurse zu beziehen oder Einblick in das Orderbuch zu erhalten.

So unterschiedlich wie das Leistungsspektrum ist dann auch der Preis für diese
Dienstleistung. Als Faustregel gilt: Das reine Designated Sponsoring sollte nicht
mehr als 30.000 bis 40.000 Euro jährlich kosten, werden zusätzliche Leistungen
in den Vertrag aufgenommen, kann sich dieser Betrag auch verdoppeln.

8.5   ERS und Versand von Pflichtmitteilungen

Das Exchange Reporting System der Deutschen Börse, kurz ERS, dient Emittenten des Prime Standard zur Erfüllung ihrer Berichtspflichten, z.B. der Übermittlung der Jahresfinanzberichte, der Quartalsfinanzberichte und des Unternehmenskalenders an die Deutsche Börse. Parallel werden die Daten auf der Internetseite der Börse veröffentlicht und so internationalen Investoren zeitnah zur Verfügung gestellt. ERS basiert auf einer offenen Schnittstelle. Der Emittent kann seine Daten entweder direkt oder über einen Dienstleister an die Schnittstelle liefern.

Ursprünglich wurde diese Dienstleistung durch die Deutsche Gesellschaft für Ad-hoc-Publizität (DGAP) entwickelt und angeboten, die bei ERS und der Verbreitung von Ad-hoc-Mitteilungen lange Zeit eine Monopolstellung innehatte. Die DGAP war ursprünglich ein Gemeinschaftsunternehmen der Deutschen Börse und der Wirtschaftsinformationsdienste Reuters und vwd. Inzwischen gehört dieser Anbieter zur EquityStory AG.

Daneben existieren aktuell drei weitere etablierte Anbieter für die Erfüllung der Zulassungsfolgepflichten auf dem Markt: Das dpa-Tochterunternehmen news aktuell, das den Service euro adhoc anbietet, der Nachrichtendienst Business Wire und die deutsche Niederlassung der norwegischen Hugin.

Neben einem ERS-Zugang bieten die Anbieter die Erfüllung sämtlicher Zulassungsfolgepflichten an, also auch die Veröffentlichung von Ad-hoc-Mitteilungen, von Zwischenmitteilungen, von Stimmrechtsmitteilungen und von Directors' Dealings.

Alle Anbieter bieten die gesetzlich vorgeschriebene Informationsverbreitung, so dass die Auswahl anhand folgender Kriterien erfolgen sollte:

1. Reichweite

2. Preisstruktur

3. Angebot an zusätzlichen Dienstleistungen

Über die Jahre hat sich das Leistungsspektrum der Anbieter zwar immer mehr aneinander angenähert, aber im Detail sind dennoch Unterschiede hinsichtlich der oben genannten Kriterien festzustellen. Letztendlich müssen Sie entscheiden, welcher Anbieter das für Ihre Bedürfnisse beste Preis-Leistungs-Verhältnis bietet.

9. Kleines Börsenlexikon

Ad-hoc-Publizität

Ad-hoc-Publizität bezeichnet die Pflicht zur Veröffentlichung wichtiger Nachrichten über das Unternehmen, die geeignet sind, den Börsenkurs erheblich zu beeinflussen. Sie soll die Bereichsöffentlichkeit herstellen, damit Nachrichten nicht nur Insidern bekannt sind.

Aktienarten

Nach dem Kriterium der Übertragbarkeit unterscheidet man Inhaber-, Namens- und vinkulierte Namensaktien. Nach dem Kriterium des Stimmrechts unterscheidet man Stamm- und Vorzugsaktien.

American Depository Receipt (ADR)

Von den amerikanischen Banken ausgegebener Hinterlegungsschein für nicht-amerikanische Aktien, der stellvertretend für die Aktie gehandelt wird.

Amtlicher Handel

Ehemaliges Börsensegment mit den höchsten Anforderungen an notierte Unternehmen. Wurde mit der Einführung des Regulierten Marktes abgeschafft.

Bardividende

Dividende, die in bar nach Abzug der körperschaftsteuerlichen Ausschüttungsbelastung ausgezahlt wird.

Bereichsöffentlichkeit

Ziel von Ad-hoc-Meldungen ist es, die so genannte Bereichsöffentlichkeit herzustellen. Hierunter ist die Information der professionellen Handelsteilnehmer, nicht des breiten Anlegerpublikums, zu verstehen.

Bezugsrecht

Bei Kapitalerhöhungen erhalten die bisherigen Anteilseigner für jede gehaltene Aktie ein Bezugsrecht auf junge Aktien. Für eine bestimmte Anzahl Bezugsrechte können sie jeweils eine junge Aktie erwerben. Wer Bezugsrechte nicht ausüben will, kann sie über die Börse an Anleger verkaufen, die ihren Anteil überproportional aufstocken wollen, sofern ein Bezugsrechthandel angeboten wird.

Börsenkapitalisierung

Marktwert eines börsennotierten Unternehmens, auch Marktkapitalisierung genannt. Die Börsenkapitalisierung berechnet sich aus der Anzahl der Aktien eines Unternehmens multipliziert mit dem aktuellen Aktienkurs.

Bookbuilding-Verfahren

Das Bookbuilding-Verfahren ist ein aus dem angelsächsischen Raum stammendes Verfahren zur Ermittlung eines angemessenen Ausgabepreises von Aktien, welches im Gegensatz zum Festpreisverfahren eine dynamische Preisfindung ermöglicht. Seit einigen Jahren hat sich dieses Verfahren auch in Deutschland als Standard durchgesetzt. Die gesamten Zeichnungswünsche einschließlich der Preisvorstellungen der Investoren werden zentral erfasst. Die aus dieser Methode gewonnenen Erkenntnisse fließen in die Preisfestlegung und Zuteilung der Aktien ein.

Briefkurs

Unter Briefkurs versteht man im Wertpapierhandel den Börsenkurs, zu dem Angebot in einem Wertpapier besteht, also zu dem Marktteilnehmer bereit sind, Wertpapiere zu verkaufen. Gegensatz: Geldkurs.

Compliance

Compliance bedeutet „Handel in Übereinstimmung mit geltendem Recht" und will ein korrektes Verhalten von Vorständen, Aufsichtsräten und Mitarbeitern eines börsennotierten Unternehmens im Umgang mit Insiderinformationen gewährleisten.

Corporate Governance

Als Corporate Governance wird im internationalen Sprachgebrauch die verantwortliche, auf langfristige Wertschöpfung ausgerichtete Unternehmensleitung und -kontrolle verstanden. Der Deutsche Corporate Governance Kodex ist ein Verhaltenskodex mit empfehlendem Charakter für börsennotierte Unternehmen. Er beinhaltet die auf die Aktionärsinteressen ausgerichteten Grundsätze und Regeln über Organisation, Verhalten und Transparenz.

Designated Sponsor

Aktien in einem der Auswahlindizes der Deutschen Börse müssen fortlaufend handelbar sein. Kriterium hierfür ist die Liquidität des Wertpapiers. Designated Sponsors sorgen für höhere Liquidität, indem sie verbindliche Preise für den An- und Verkauf der Aktien stellen. Die Wahrscheinlichkeit, dass erteilte Orders ausgeführt werden, steigt dadurch beträchtlich. In einigen Börsenteilbereichen ist die Beschäftigung mindestens eines Designated Sponsors vorgeschrieben.

Due Diligence

Der Begriff Due Diligence kommt aus dem Angelsächsischen und bedeutet wörtlich übersetzt „mit gebührender Sorgfalt". Due Diligence-Prüfungen werden im Vorfeld von Börseneinführungen, aber auch M&A-Transaktionen durchgeführt, um eine solide Informationsbasis aller Beteiligten zu gewährleisten. Bei einer Due Diligence wird ein Unternehmen hinsichtlich wirtschaftlicher, finanzieller, rechtlicher, steuerlicher und umweltbezogener Kriterien analysiert. Bei Kapitalerhöhungen dienen die Ergebnisse einer Due Diligence-Prüfung insbesondere der Minimierung des Haftungsrisikos aus dem Prospekt.

Earnings per share (EPS)

International übliche Bezeichnung für den auf eine Aktie entfallenden Unternehmensgewinn.

EBIT

EBIT ist eine international gängige Bezeichnung für das Betriebsergebnis und bedeutet „**E**arnings **b**efore **I**nterest and **T**axes", also das Ergebnis vor Zinsen und Steuern.

EBITDA

Entspricht dem EBIT, bereinigt um Abschreibungen: „**E**arnings **b**efore **I**nterest, **T**axes, **D**epreciation and **A**mortization".

Eigenkapital

Unter dem Eigenkapital ist das haftende Kapital einer Aktiengesellschaft zu verstehen, das von den Aktionären durch Zeichnung von Aktien im Rahmen einer Emission aufgebracht wird. Neben dem Grundkapital enthält es die Kapitalrücklagen aus dem Emissionserlös sowie die durch Einbehaltung von Gewinnen entstandenen Gewinnrücklagen.

Emission

Der Begriff Emission bezeichnet die Ausgabe von Wertpapieren durch ein öffentliches Angebot.

Emittent

Bezeichnung für eine juristische Person, meist Aktiengesellschaften, die Wertpapiere ausgibt. Auch staatliche Behörden können Wertpapiere ausgeben.

ERS

Das Exchange Reporting System (ERS) dient Emittenten des Prime Standard zur Erfüllung ihrer Berichtpflichten, z.B. der Übermittlung der Jahresfinanzberichte, Quartalsfinanzberichte und Unternehmenskalender an die Deutsche Börse. Parallel werden die Daten auf der Internetseite der Börse veröffentlicht und so internationalen Investoren zeitnah zur Verfügung gestellt.

Equity Story

Die Equity Story ist die Darstellung der Strategie eines Unternehmens gegenüber der Financial Community.

Financial Community

Financial Community ist ein Sammelbegriff für Interessengruppen am Kapitalmarkt, also Investoren, Analysten und Vertreter der Finanzpresse.

Free Float

Als Free Float bezeichnet man den Anteil der Aktien einer Aktiengesellschaft,
die nicht in festem Besitz sind, gemessen an der Gesamtzahl der ausgegebenen
Aktien. Er wird auch als Streubesitz bezeichnet.

Freiverkehr

Börsensegment, in dem Wertpapiere gehandelt werden, die weder zum Amtlichen Markt noch zum Geregelten Markt zugelassen sind. Die Einbeziehung in
den Freiverkehr erfolgt bei den einzelnen Börsen auf Antrag. Voraussetzung ist,
dass ein ordnungsgemäßer Börsenhandel gewährleistet erscheint.

Geldkurs

Der Geldkurs (Geld oder englisch: bid) ist der Kurs, zu dem ein Marktteilnehmer
bereit ist, ein Wertpapier zu kaufen. Gegensatz: Briefkurs.

General Standard

Börsensegment an der Frankfurter Wertpapierbörse, für das die gesetzlichen
Mindestanforderungen des Amtlichen Marktes oder Geregelten Marktes gelten.
Es richtet sich an Unternehmen, die vorwiegend nationale Investoren ansprechen
und ein preisgünstigeres Listing als im Prime Standard anstreben. Die Aufnahme
in den General Standard erfolgt automatisch mit der Zulassung der Wertpapiere
zum Regulierten Markt.

Geregelter Markt

Der Geregelte Markt ist ein ehemaliges Börsensegment, das gegenüber dem
Amtlichen Markt den Unternehmen einen erleichterten Zugang zum Börsenhandel ermöglichte. Wurde mit der Einführung des Regulierten Marktes abgeschafft.

Going Public

Andere Bezeichnung für Börsengang.

Greenshoe

Begriff für eine Mehrzuteilungsoption im Rahmen des Börsengangs. Ein bestimmtes, vorher definiertes Volumen an zusätzlichen Aktien, meist aus dem Besitz der Altaktionäre, kann zu Ursprungskonditionen nach Abschluss der Emission am Markt verkauft werden.

Grundkapital

Das in der Satzung einer Aktiengesellschaft festgelegte Kapital. Die Satzung bestimmt auch, in wie viele Anteile das Grundkapital eingeteilt ist. Nicht identisch mit dem Eigenkapital.

Hauptversammlung

Die Hauptversammlung ist das höchste Organ einer Aktiengesellschaft. Mindestens einmal jährlich versammeln sich die Aktionäre einer Aktiengesellschaft zur Hauptversammlung. Pflichtpunkte sind die Vorlage des Jahresabschlusses, die Entlastung von Vorstand und Aufsichtsrat, die Wahl des Abschlussprüfers und der Beschluss über die Verwendung des ausgewiesenen Jahresgewinns. Darüber hinaus wird über Maßnahmen der Kapitalbeschaffung und -herabsetzung, über Satzungsänderungen und andere grundsätzliche Fragen beschlossen.

Hedge-Fonds

Fonds, die praktisch keinen Anlagebeschränkungen unterliegen und die verschiedensten Anlagestrategien verfolgen können. Hedge-Fonds haben einen hochspekulativen Charakter.

Inhaberaktie

Im Unterschied zur Namensaktie wird der Besitzer auf der Inhaberaktie namentlich nicht genannt. Inhaberaktien werden formlos übertragen, ohne dass eine Änderung in der Urkunde vorgenommen werden muss.

Initial Public Offering (IPO)

Das erste öffentliche Angebot von Aktien eines Unternehmens an der Börse (siehe Neuemission).

Insider

Bezeichnung für Personen, die wegen ihrer beruflichen Stellung oder sonstiger Umstände einen Informationsvorsprung haben. Dessen Ausnutzung zum eigenen Vorteil bei Wertpapiergeschäften (so genannter Insiderhandel) ist verboten, da die Chancengleichheit der Anleger nicht mehr gewährleistet wäre. Verstöße können mit Freiheits- oder Geldstrafen geahndet werden.

Junge Aktien

Die aus einer Kapitalerhöhung resultierenden Aktien werden so lange als junge Aktien bezeichnet, wie sie noch nicht voll dividendenberechtigt sind.

Kapitalerhöhung

Maßnahme zur Finanzierung eines Unternehmens durch Erhöhung des Eigenkapitals. Bei Aktiengesellschaften geschieht dies meist durch Ausgabe junger Aktien; erforderlich ist ein entsprechender Beschluss der Hauptversammlung.

Konsortialführer

Kreditinstitut, welches im Rahmen eines Emissionskonsortiums die Geschäftsführung und Vertretung übernimmt.

Kurs-Gewinn-Verhältnis (KGV)

Das KGV stellt den Kurs einer Aktie ins Verhältnis zu dem auf sie entfallenden Anteil am Unternehmensgewinn (Earnings per share). Wichtige Kennzahl der Fundamentalanalyse zur Beurteilung der Ertragskraft einer Gesellschaft.

Marktkapitalisierung

Siehe Börsenkapitalisierung.

Mergers und Acquisitions (M&A)

International gängiger Begriff für Unternehmenstransaktionen wie Unternehmenskäufe, -verkäufe und -zusammenschlüsse.

Namensaktie

Aktie, die auf den Namen eines Aktionärs ausgestellt und in das Aktienregister der AG eingetragen wird.

Neuemission

Öffentliche Emission von Aktien im Rahmen eines Börsengangs, mit dem ein Unternehmen erstmals an der Börse notiert wird. Auch bekannt unter dem englischen Kürzel IPO (= Initial Public Offering) bzw. Going Public.

Orderbuch

Buch, in dem für eine Aktie die Volumina und Preise von Kauf- und Verkaufsaufträgen gesammelt, gegenübergestellt und zusammengeführt werden. Heutzutage werden Orderbücher überwiegend in elektronischer Form geführt.

OTC

OTC bedeutet „Over the counter" und ist der Freiverkehrsmarkt der USA für Wertpapiere, der außerhalb der Verantwortung der Börse stattfindet.

Pari-Emission

Wertpapieremission, bei der der Emissionskurs dem Nennwert entspricht.

Prime Standard

Börsensegment der Deutschen Börse mit den höchsten Transparenzanforderungen (unter anderem Veröffentlichung von Quartalsberichten, internationale Rechnungslegung nach IFRS oder US-GAAP). Die Zulassung zum Prime Standard ist eine Voraussetzung für die Aufnahme in einen Auswahlindex.

Prospekt

Ein Prospekt oder Emissionsprospekt (früher auch Wertpapierverkaufsprospekt oder Verkaufsprospekt) ist ein Dokument, das begleitend zu einer Wertpapieremission am Finanzmarkt erstellt und veröffentlicht wird. Der Prospekt muss den Investor umfassend über alle wichtigen Aspekte des Investments aufklären. Er enthält alle Angaben zu dem angebotenen Wertpapier und zum Anbieter (Emittenten), die nach dem aktuellen Stand der Gesetzgebung vorgeschrieben sind. Er dient dazu, die potenziellen Investoren über alle Eigenschaften, Chancen und Risiken des Wertpapiers zu informieren.

Regulierter Markt

Der Regulierte Markt ist ein organisierter Markt im Sinne von § 2 Abs. 5 des WpHG (Wertpapierhandelsgesetzes). Er ersetzt die bisherigen Marktsegmente Amtlicher Markt und Geregelter Markt.

Repartierung

Verringerung der Zuteilung bei einer überzeichneten Wertpapieremission.

Roadshow

Präsentation des Unternehmens vor der Financial Community, meist in der Form einer Reihe aufeinander folgender Einzelgespräche mit Fondsmanagern oder Multiplikatoren wie Analysten oder Journalisten.

Shareholder Value

Nutzen der Aktionäre, Aktionärsvermögen oder auch Wertschöpfung für den Aktionär. Eine am Shareholder Value orientierte Unternehmenspolitik hat zum Ziel, für den Aktionär eine angemessene Rendite seiner Anlage zu gewährleisten. Dies nutzt auch anderen Gruppen, die dem Unternehmen z.B. als Arbeitnehmer oder Lieferanten verbunden sind, durch langfristige Sicherung der Rentabilität und Stabilität der Aktiengesellschaft.

Skontroführer

Zum Börsenhandel zugelassenes Unternehmen, das im Parketthandel für ein bestimmtes Wertpapier das Orderbuch führt und den Kurs feststellt.

Split (Aktiensplit)

Vervielfachung der Anzahl der Aktien, um einen niedrigeren Börsenkurs zu erreichen und damit das Handelsvolumen zu erhöhen. Im Verhältnis der Erhöhung der Aktienanzahl erhalten die Aktionäre der Gesellschaft zusätzliche Aktien in ihr Depot gebucht, damit sie durch das Splitting keinen Nachteil erleiden. Es handelt sich also beim Splitting um einen rein optischen Effekt, da der Gesellschaft im Gegensatz zur Kapitalerhöhung, bei der junge Aktien ausgegeben werden, hierdurch weder Kapital zufließt noch sich die Aktionärsstruktur verändert.

Squeeze-out

Die Möglichkeit, einen sehr kleinen Rest von Aktionären mittels einer Zwangsabfindung aus dem Unternehmen herauszudrängen.

Stämme/Stammaktien

Aktien eines Unternehmens mit vollem Stimmrecht in der Hauptversammlung

Stimmrecht

Das gesetzlich verankerte Recht jedes Aktionärs, auf der Hauptversammlung abzustimmen. Die Anzahl der Stimmen, die ein Aktionär auf sich vereint, richtet sich nach der Anzahl der stimmberechtigten Aktien in seinem Besitz. Der Aktionär kann sein Stimmrecht auch von einem Dritten ausüben lassen, z.B. von seinem Kreditinstitut, einem von der Gesellschaft benannten Stimmrechtsvertreter oder einer Aktionärsvereinigung.

Stimmrechtsvertreter

Ein Stimmrechtsvertreter einer Aktiengesellschaft kann im Rahmen der Hauptversammlung vom Aktionär zur Ausübung seiner Stimmrechte bevollmächtigt werden. Die Stimmrechtsvertreter haben nach Weisung des Aktionärs abzustimmen.

Stock Options

Hierbei handelt es sich um ein Mitarbeiterbindungsinstrument, das aus den USA stammt, aber mittlerweile auch in Deutschland häufig eingesetzt wird. Dabei werden an leitende Angestellte Optionen (die so genannten Stock Options) ausgegeben, die zu einem späteren Zeitpunkt bei einer guten Entwicklung des Börsenkurses des Unternehmens gewinnbringend ausgeübt werden können.

Streubesitz

Unter dem Streubesitz sind die Aktien eines Unternehmens zu verstehen, die nicht von Großanlegern gehalten werden. Der Streubesitz (auch Free Float) ist von Interesse, weil durch ihn die Anzahl der wirklich an der Börse umgehenden Aktien aufgezeigt wird.

Stückaktie

Die Stückaktie weist keinen Nennwert auf, ihr Anteil am Grundkapital bestimmt sich nur nach der Zahl der ausgegebenen Aktien. Alle Stückaktien verkörpern denselben Anteil an der Gesellschaft.

Volatilität

Schwankungsbreite von Kursen. Bei starken Kursausschlägen hat eine Aktie eine hohe Volatilität.

Vorzugsaktie

Vorzugsaktien haben in der Regel kein Stimmrecht. Zum Ausgleich dafür gewähren diese Aktien ihrem Besitzer andere Vorteile (Mindestdividende, Nachzahlungspflicht für etwa ausgefallene Dividende usw.). Gegensatz: Stammaktie.

Wandelanleihe

Der Inhaber einer Wandelschuldverschreibung kann diese während der Laufzeit der Anleihe zu einem vorher festgelegten Verhältnis in Aktien umwandeln. Ob die Wandlungsmöglichkeit für den Inhaber interessant ist, hängt von der Entwicklung des Aktienkurses ab. Soweit das Wandlungsrecht nicht ausgeübt wurde, wird die Anleihe am Ende der Laufzeit zurückgezahlt (getilgt).

Xetra

Xetra ist die Abkürzung für Exchange Electronic Trading. Es ist ein elektronisches Börsenhandelssystem für Aktien und Optionsscheine. Das Xetra-Handelssystem hat aufgrund der hohen Geschwindigkeit und der niedrigen Kosten den Parketthandel an den deutschen Börsen weitgehend verdrängt.

Adressen

Bundesanstalt für Finanzdienstleistungsaufsicht (BaFin)

Lurgiallee 12
60439 Frankfurt
Tel.: +49 (0) 228 / 4108 – 0
Fax: +49 (0) 228 / 4108 – 1550
E-Mail: poststelle@bafin.de
Internet: www.bafin.de

Die Bundesanstalt für Finanzdienstleistungsaufsicht, kurz BaFin, vereinigt seit ihrer Gründung 2002 die Aufsicht über Banken und Finanzdienstleister, Versicherer und den Wertpapierhandel unter einem Dach. Die BaFin ist im öffentlichen Interesse tätig. Ihr Hauptziel ist es, ein funktionsfähiges, stabiles und integres deutsches Finanzsystem zu gewährleisten.

Deutsches Aktieninstitut e.V.

Niedenau 13-19
60325 Frankfurt am Main
Tel.: +49 (0) 69/9 29 15-0
Fax: +49 (0) 69/9 29 15-12
E-Mail: dai@dai.de
Internet: www.dai.de

Das Deutsche Aktieninstitut e.V., im Jahr 1953 als „Arbeitskreis zur Förderung der Aktie" gegründet, ist der Verband der Unternehmen und Institutionen, die sich am deutschen Kapitalmarkt engagieren. Seit 2003 vertritt es – in der Nachfolge des aufgelösten Finanzplatz e.V. – die Interessen des gesamten Finanzplatzes Deutschland.

Deutsche Börse AG

Neue Börsenstr. 1
60487 Frankfurt am Main
Tel.: +49-(0) 69-2 11-0
Fax: +49-(0) 69-2 11-1 10 21
E-Mail: info@deutsche-boerse.com
Internet: www.deutsche-boerse.com

DIRK – Deutscher Investor Relations Verband e.V.

Baumwall 7 (Überseehaus)
20459 Hamburg
Tel.: +49 (0)40.4136 3960
Fax: +49 (0)40.4136 3969
E-Mail: info@dirk.org
Internet: www.dirk.org

Der DIRK – Deutscher Investor Relations Verband e.V. ist der deutsche Berufsverband für professionelle Investor Relations. Im Jahr 1994 gegründet verfügt
der DIRK heute über eine professionelle Organisation mit ständiger Geschäfts-
stelle und regionalen Treffpunkten.

Deutsche Public Relations Gesellschaft e.V. (DPRG)

Unter den Eichen 128
12203 Berlin
Tel.: +49 (0) 30 – 804 097 33
Fax: +49 (0) 30 – 804 097 34
E-Mail: info@dprg.de
Internet: www.dprg.de

Die Deutsche Public Relations Gesellschaft e.V. (DPRG) wurde 1958 in Köln als
der Berufsverband der Public Relations-Fachleute in Deutschland gegründet.

Deutsches Rechnungslegungs Standards Committee e.V.

Zimmerstraße 30
10969 Berlin
Tel.: +49 (0) 30 20 64 12 – 0
Fax: +49 (0) 30 20 64 12 – 15
E-Mail: info@drsc.de
Internet: www.standardsetter.de

Das Ziel des Deutschen Rechnungslegungs Standards Committee (DRSC) und seiner Gremien ist, im öffentlichen Interesse die Qualität der Rechnungslegung und Finanzberichterstattung zu erhöhen. Die Arbeit des DRSC vollzieht sich im Wesentlichen in Projekten, die sowohl Grundsatzfragen als auch Einzelfragen und Detailprobleme der Rechnungslegung und Finanzberichterstattung behandeln.

Deutsche Schutzvereinigung für Wertpapierbesitz e.V. (DSW)

Hamborner Str. 53
40472 Düsseldorf
Tel.: +49 (0) 211-6697-01
Fax: +49 (0) 211-6697-70
E-Mail: dsw@dsw-info.de
Internet: www.dsw-info.de

Die Deutsche Schutzvereinigung für Wertpapierbesitz e.V. (DSW) ist die mitgliederstärkste deutsche Aktionärsvereinigung. Sie ist außerdem der Dachverband der 7000 Investmentclubs in Deutschland.

DVFA GmbH

Einsteinstraße 5
D-63303 Dreieich
Tel.: +49 (0) 6103 5833-0
Fax: +49 (0) 6103 5833-33
E-Mail: info@dvfa.de
Internet: www.dvfa.de

Die DVFA ist der Berufsverband der Investment Professionals mit aktuell ca. 1.100 persönlichen Mitgliedern. Sie sind als Fach- und Führungskräfte bei über 400 Investmenthäusern, Banken sowie Fondsgesellschaften oder als unabhängige Kapitalmarktdienstleister tätig.

Schutzgemeinschaft der Kapitalanleger e.V. (SDK)

Maximilianstr. 8
80539 München
Tel.: +49 (0) 89 – 20 20 846 0
Fax: +49 (0) 89 – 20 20 846 10
E-Mail: info@sdk.org
Internet: www.sdk.org, www.hv-info.de

Die Schutzvereinigung der Kapitalanleger vertritt die Rechte und Interessen der Minderheitsaktionäre bei den Unternehmen und ihren Großaktionären sowie bei dem Gesetzgeber.

Weiterführende Literatur

Bücher

BAETGE, JÖRG/KIRCHHOFF, KLAUS RAINER: Der Geschäftsbericht. Die Visitenkarte des Unternehmens, Wien 2002

BUCK-HEEB, PETRA: Kapitalmarktrecht, Heidelberg 2006

DIRK E.V. (HRSG.): Handbuch Investor Relations, Wiesbaden 2004

FALKNER, REINHOLD: Wörterbuch für Geschäftsberichte – Gängige Begriffe und Wendungen Deutsch – Englisch / Englisch – Deutsch, 1. Auflage, Norderstedt 2004

EK, RALF: Praxisleitfaden für die Hauptversammlung, München 2005

GRUNEWALD, BARBARA/SCHLITT, MICHAEL: Kapitalmarktrecht, München 2007

KIRCHHOFF, KLAUS RAINER/PIWINGER, MANFRED (HRSG.): Praxishandbuch Investor Relations, 1. Auflage, Wiesbaden 2005

KISS, PATRICK: Investor Relations im Internet, GoingPublic Media AG, Wolfratshausen 2001

KUTHE, THORSTEN/RÜCKERT, SUSANNE/SICKINGER, MIRKO: Compliance-Handbuch Kapitalmarktrecht – Publizitäts- und Verhaltenspflichten für Aktiengesellschaften, Heidelberg 2004

ROTTER, KLAUS: Neuer Anlegerschutz – Leitfaden Aktionärsforum nach dem UMAG, Köln, 2006

PUTTENAT, DANIELA: Praxishandbuch Presse- und Öffentlichkeitsarbeit, Wiesbaden 2007

WOLFRAM, JENS: WpHG-Praxis für Investor Relations – Praxiserfahrungen mit dem Anlegerschutzverbesserungsgesetz (AnSVG), DIRK-Forschungsreihe, Band 5, Wolfratshausen 2005

Fachzeitschriften

GOINGPUBLIC MAGAZIN (monatlich), GoingPublic Media AG, Wolfratshausen
COMPLIANCE REPORT (monatlich), Bundesanzeiger Verlag, Köln
BKR BANK- UND KAPITALMARKTRECHT (monatlich), Verlag C. H. Beck, München
DIE AKTIENGESELLSCHAFT (AG) (2 x monatlich), Verlag Dr. Otto Schmidt, Köln
HV MAGAZIN (4 x jährlich), GoingPublic Media AG, München

Stichwortverzeichnis

Der Autor

Der studierte Betriebswirt Thomas Schnorrenberg ist Prokurist und Leiter der Abteilung Investor Relations bei der REpower Systems AG in Hamburg. In dieser Funktion trägt er die Gesamtverantwortung sämtlicher Investor Relations Aktivitäten. Zuvor war er als IR-Berater und als Wirtschaftsjournalist tätig.

[Er nutzt das neue Zimpel Online.]

Mittwoch, 23:30 Uhr

Kennen Sie das: Wieder bis in die Nacht hinein PR-Kontakte aktualisiert? Überstunden gemacht, weil individuelle Ergänzungen verlorengegangen sind? Dann sind Sie reif für das neue Zimpel Online. Damit Sie nachts besser schlafen können.

Nutzen Sie die Vorteile der führenden deutschen PR-Mediendatenbank. Sparen Sie wertvolle Zeit und vertrauen Sie auf höchste Datenqualität.

Mit der neuen Zimpel Online-Version

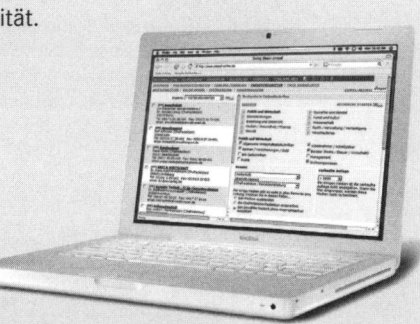

- haben Sie Zugriff auf über 16.000 Medien mit über 90.000 Kontakten aus Deutschland,
- recherchieren Sie themen- und zielorientiert,
- arbeiten Sie mit sofort einsetzbaren Verteilern,
- optimieren Sie Ihr Kontaktmanagement,
- evaluieren Sie Ihre Arbeitsprozesse effizient und umfangreich.

Zimpel Online wird wöchentlich aktualisiert, ohne dass Ihnen individuelle Ergänzungen verloren gehen. Ermöglichen auch Sie sich eine PR ohne Streuverluste – einfach und bequem per Internet.

Ihren kostenlosen Gastzugang finden Sie auf **www.zimpel-online.de**. Weitere Informationen unter **+49 180 5 00 96 06*** oder per E-Mail an **kundenservice@zimpel.de**.

(*0,14 €/Minute aus dem deutschen Festnetz)

PR kann so Zimpel sein **zimpel**